青少年心理自助文库
励志丛书

创 意

日出江花红胜火

蒿泽阳/著

 有了这本趣味盎然、激发灵感的书，
你就会知道如何用快速、
可定义的方式集中自己的创意力。

中国出版集团 现代出版社

图书在版编目(CIP)数据

创意:日出江花红胜火 / 蒿泽阳著. —北京:现代出版社,2013.11 (2021.3重印)

(青少年心理自助文库)

ISBN 978-7-5143-1858-6

Ⅰ.①创… Ⅱ.①蒿… Ⅲ.①创造学 – 青年读物 ②创造学 – 少年读物 Ⅳ.①G305 – 49

中国版本图书馆 CIP 数据核字(2013)第 273548 号

作　　者	蒿泽阳
责任编辑	李　鹏
出版发行	现代出版社
通讯地址	北京市安定门外安华里 504 号
邮政编码	100011
电　　话	010 – 64267325 64245264(传真)
网　　址	www.1980xd.com
电子邮箱	xiandai@ cnpitc.com.cn
印　　刷	河北飞鸿印刷有限责任公司
开　　本	710mm×1000mm　1/16
印　　张	12
版　　次	2013 年 11 月第 1 版　2021 年 3 月第 3 次印刷
书　　号	ISBN 978-7-5143-1858-6
定　　价	39.80 元

P 前 言
REFACE

为什么当今的青少年拥有丰富的物质生活却依然不感到幸福、不感到快乐？怎样才能彻底摆脱日复一日地身心疲惫？怎样才能活得更真实更快乐？越是在喧嚣和困惑的环境中无所适从，我们越觉得快乐和宁静是何等的难能可贵。其实"心安处即自由乡"，善于调节内心是一种拯救自我的能力。当我们能够对自我有清醒的认识，对他人能宽容友善，对生活无限热爱的时候，一个拥有强大的心灵力量的你将会更加自信而乐观地面对一切。

青少年是国家的未来和希望。对于青少年的心理健康教育，直接关系到其未来能否健康成长，承担建设和谐社会的重任。作为学校、社会、家庭，不仅要重视文化专业知识的教育，还要注重培养青少年健康的心态和良好的心理素质，从改进教育方法上来真正关心、爱护和尊重青少年。如何正确引导青少年走向健康的心理状态，是家庭，学校和社会的共同责任。心理自助能够帮助青少年解决心理问题、获得自我成长，最重要之处在于它能够激发青少年自觉进行自我探索的精神取向。自我探索是对自身的心理状态、思维方式、情绪反应和性格能力等方面的深入觉察。很多科学研究发现，这种觉察和了解本身对于心理问题就具有治疗的作用。此外，通过自我探索，青少年能够看到自己的问题所在，明确在哪些方面需要改善，从而"对症下药"。

如果说血脉是人的生理生命支持系统的话，那么人脉则是人的社会生命支持系统。常言道"一个篱笆三个桩，一个好汉三个帮"，"一人成木，二人成林，三人成森林"，都是这样说，要想做成大事，必定要有做成大事的人脉

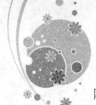
网络和人脉支持系统。我们的祖先创造了"人"这个字，可以说是世界上最伟大的发明，是对人类最杰出的贡献。一撇一捺两个独立的个体，相互支撑、相互依存、相互帮助，构成了一个大写的"人"，"人"字的象形构成，完美地诠释了人的生命意义所在。

人在这个社会上都具有社会性和群体性，"物以类聚，人以群分"就是最好的诠释。每个人都生活在这个世界上，没有人能够独立于世界之外，因此，人自打生下来，身后就有着一张无形的，属于自己的人脉关系网，而随着年龄的增长，这张网也不断地变化着，并且时时刻刻都在发生着变化：一出生，我们身边有亲戚，这就有了家族里面的关系网；一上学，学校里面的纯洁友情，师生情，这样也有了师生之间的关系；参加工作了，有了同事，有了老板，这样也就有产生了单位里的人际关系；除了这些关系之外，还有很多关系：社会上的朋友，一起合作的伙伴……

很多人很多时候觉得自己身边没有朋友，觉得自己势单力薄，还有在最需要帮助的时候，孤立无援，身边没有得力的朋友来搭救自己。这就是没有好好地利用身边的人脉关系。只要你学会了怎么去处理身边的人脉关系，你就会如鱼得水，活得潇洒。

本丛书从心理问题的普遍性着手，分别论述了性格、情绪、压力、意志、人际交往、异常行为等方面容易出现的一些心理问题，并提出了具体实用的应对策略，以帮助青少年读者驱散心灵阴霾，科学调适身心，实现心理自助。

本丛书是你化解烦恼的心灵修养课，可以给你增加快乐的心理自助术。会让你认识到：掌控心理，方能掌控世界；改变自己，才能改变一切。只有实现积极的心理自助，才能收获快乐的人生。

C目 录
ONTENTS

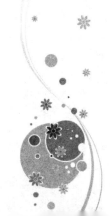

3

目

录

第一篇　　你的创意无穷多

　　创意对象，就是人的思维所指向的目标。你在思考的东西、想解决的问题、想改进的产品中的"东西""问题""产品"就构成了创意对象，通过对创意对象的思考，你可以从中获得某种创意性的结果。

　　辩证法告诉我们，那些乍看起来凝固不变的事物，其实都是漫长变化过程当中的一个小小的片断，其自身也在不停地变动。当我们眼盯着一件物品，想对它进行改良的时候：当我们面临一个棘手的难题，绞尽脑汁想解决它的时候；也许我们并没有注意到，这件物品和这个难题，是一直处在变动之中的。

不断变化的创意

物质是一切事物和现象的总根源,意识或精神不过是物质形态的属性。我们这个世界上存在着无穷多的事物,产生着无穷多的现象。在自然界,大到日月星辰,小到尘埃微粒,无穷多的事物散布在我们周围;在人类社会,春种秋收、集会游行、杀人放火……有无穷多的事件发生在我们周围。正如希尔伯特所言:无穷是一个永恒的谜。而破谜、揭秘是人的天性,它为人们的创意提供了无穷多的可能。

所有这些客观的事物和主观的现象,都有可能成为我们创意思维的对象。换句话说,**创意的素材遍地都是,创意的机会是无穷多的,只要我们仔细观察,开动脑筋,思考任何一种事物或现象都能够产生创意**。这方面的事例多得不胜枚举。有一位教授洗完澡后,拔下澡盆的活塞放水。他发现水流在排水口形成了漩涡,是向左旋的。这件不起眼的事引起了他的好奇。他又拿其他器具做实验,并且观察河流中的漩涡,结果发现它们都是向左旋的。教授于是联想到,这种现象大概与地球自转的方向有关。果然,在南半球国家,孔道水流的漩涡是向右旋的:而赤道地区的孔道水流并不形成漩涡。最后,这位教授总结出了孔道流水的规律。提出了一种新观点,在研究台风等方面具有实用价值。

当我们的头脑只思考一个问题或者一个事物的时候,也同样面临着数量无穷多的可供思考的对象。因为实际事物总是以这样或那样的方式相互联系着、制约着。比如说,今天你喝酒喝醉了,除了要考虑酒的问题(度数太高、数量太大),还要考虑菜的问题(是否解酒),还要考虑自己的身体状况、精神状态,还有喝的时间等因素。从追根究底的观点来看,造

成一次醉酒的因素其实是无穷多的。

一个商场只要对外营业。就会树立起自己的社会形象。请读者朋友认真想一想,构成或影响一家商场的社会形象的因素有多少种呢？第一,从商场的一般特征来说,其因素有:经营历史、社会知名度、在商界范围的渗透程度、商场的目标市场等;第二,从商场中的商品特征来说,其因素有:品种齐全的程度、商品的质量、商品的适应性及其更新速度、商标名称的使用等;第三,从商品的价格特征来说。其因素有:总体价格水平、质量价格比、与同行业竞争者的比较等;第四。从职员的服务特征来说,其因素有:员工的仪容仪表、售货员的态度、业务技能、服务方式和设施、对消费者利益的关心程度、消费者的反应等;第五,从商场的物质设施来说,其因素有:商场建筑的外貌、所处路段和周围环境、内部装修水平、顾客的走道和升降设备、商品的布局和陈列、清洁卫生程度等;第六,从商场的宣传特征来说,其因素有:广告媒体的使用、发布商品信息的数量和速度、宣传的真实程度等。如果邀请我们设计或者重塑这家商场的社会形象,那么我们需要考虑的因素其实是无穷多的。

面对周围如此多的事物或观念。我们究竟应如何展开创意思维活动呢？其实,我们在自觉地做任何事情时,心中已有了一个明确的目标。**目标是创意的龙头,其他所有思想和行动都是围绕这一目标展开的**。面对众多的事物或观念,我们的头脑首先要围绕某一目标对它们进行筛选,选取与目标相关的若干对象进行深入细致的思考。这样,原本无穷的可供思维的外界对象就变成数量有限的对象了。

这样一种简单的道理,为什么许多人认识不到呢？在很多人的眼光中,这个世界上的东西绝大部分都已经完美无缺,没有改进的必要。他们认为,椅子就是椅子,设计椅子就不必考虑桌子的问题。当我们能够打破这种狭窄的目光,而把更多的事物和现象纳入我们思维的时候,新奇的创意便会自然地浮现出来。

一杯咖啡的味道取决于哪些因素呢？我们可以列举出如下一些:产地、品种、成熟程度、采收质量、炒法、粉碎程度、存放时间、水的品质、水的硬度和温度、咖啡与水的接触方式、煮过后的保温度、放置时间,等等。其中的每一种因素又可以细分为更小更多的因素,比如"炒法",就有方式、温度、用具、环境、工人的熟练程度等方面的区别。因而我们可以说,能够对一杯咖啡的味道产生影响的因素,实际上是无穷多的。因而,我们对于咖啡味道的改进就具有无穷多的可能性,或者说,具有无穷多的改进方法。比如,种植一种新品种,产生了一种新口味;换了一种烘炒法,又产生了一种新口味;采取不同品质的水,口味又发生了改变……客观对象无穷无尽,创意思维也就永远不会枯竭。

准确地选取与特定问题有关联的外界对象,从创意思维的角度来说,是获得新创意的基本前提,同时我们还应该看到,进入思维过程的对象并非所有的对象,还有无穷多的对象,因为我们主观上认为它们与目标"无关"而遭到舍弃,但舍弃的对象却不一定与目标真的无关,在一定的情况下,打破常规,扩大选取范围,把原先摒弃的对象重新纳入选取,有时会产生奇妙的创意。

辩证法告诉我们,那些乍看起来凝固不变的事物,其实都是漫长变化过程当中的一个小小的片段,其自身也在不停地变动。所以恩格斯说,辩证法不崇拜任何东西,具有彻底的革命性。当我们眼盯着一件物品,想对它进行改良的时候;当我们面临一个棘手的难题,绞尽脑汁想解决它的时候;也许我们并没有注意到,这件物品和这个难题,是一直处在变动之中的。

古希腊的哲学家赫拉克利特说出一句流传千古的名言:"任何人都无法两次踏进同一条河流。"

我们的面前站立着一位权威,他金口一开,便"句句是真理",他巨手一挥,便横扫千军如卷席。但是,辩证法告诉我们,他以前曾经不是权威,只是一个普普通通的人,说过错话,办过错事;他以后也不会永远是权威,他的学说会陈腐,他的力量会消逝。目前的这位傲然而立的权威,不过是从一个普通人走向另一个普通人的过渡阶段而已。我面前是一张书桌,稳稳地站立着,丝毫看不到变动的迹象。但是,唯物辩证法告诉我们,它曾经不是书桌,而是一棵柳树;它以后也不再是书桌,而是一堆朽木。所以说,我眼前的这张光滑而明亮的书桌,不过是一棵绿树变为一堆朽木的漫长过程中间的一个短暂的阶段而已。

20世纪90年代以来,日本的年轻人特别讲究卫生,几乎到了"人人成洁癖"的地步。年轻女人尤其如此,在她们眼里,到处都沾满了细菌。她们不坐公园的椅子,不坐地铁的座位,而宁愿站着,双手抓住用手绢包着的扶手。

当这股"洁癖潮"流行起来的时候,精明的企业家立即意识到赚钱的机会来了。于是,三菱铅笔公司推出了杀菌圆珠笔,每只售价100日元,而每月销量将近一百万支。杀菌袜、除臭鞋、香味内衣之类的产品供不应求。最奇怪的是一种"除臭药片"的问世,服用这种药片能消除大便的臭味。本来它是专为长期卧床的病人使用的,没想到"除臭药片"在普通人群中也流行开来,特别是受到女秘书们的欢迎。

事物的变动是对人们智力的考验,对于充满创意的头脑来说,变动意味着发展的机遇;而对于因循守旧的头脑来说,变动无疑是一场灭顶之灾。

心灵悄悄话
XIN LING QIAO QIAO HUA

　　从创意的对象上看,由于事物现象间的因果关系是复杂多样的,它不仅仅以链式形态存在,而且现象间更以立体的链式网状结构存在着,总是以这样或那样的方式相互联系着、制约着。

创意的头脑

我们头脑所思维的每一种对象和问题,都具有无穷无尽的属性。但是没关系,头脑用"属性抽象"的方法来解决这个问题。所谓抽象,就是从每一对象所具有的无穷多的属性中抽取出一种或几种属性,头脑只思考这几种经过抽象而来的属性。这样一来,无穷多的属性就变为数量有限的属性了。

抽象是人们认识外界事物必不可少的手段,因为头脑无法处理具体事物无穷多的属性。抽象使得事物变得简单,不同事物之间的共同性便显示出来了。

狗,世界上十分常见的一种家养动物。在英国,人们把"忠诚于主人"看作狗的第一属性,因而"狗"在英语中常常与美好的事物联系在一起,可以用来形容小孩或老人,并无任何贬义。而在中国,人们把"下贱地追随别人"看作狗的第一属性,因而"狗"这个词在汉语中带有明显的贬义:"走狗""狗眼看人""狗仗人势""狐朋狗友"等。请仔细想一想,狗身上的属性其实是无穷无尽的。

"饥不择食",意思是说,极度的饥饿者看见客观的食物,只选取了它的一种属性——充饥性,而对于食物的色、香、味、形等属性全都舍弃了,未纳入思维的范围。这是由饥饿者的实践目的和价值模式所决定的。

前边提到的那位莱布尼茨,他给国王讲了"世界上没有两片完全相同的树叶"之后,接着又讲了第二个论点:"世界上没有两片完全不同的树叶。"国王还是不相信,又让宫女们到后花园去找,结果仍然一无所获。其实道理很简单,每片树叶各自都有无穷多的属性,只需在两个无穷系列中抽象出一对相同的属性就够了,这是不费吹灰之力的事;至于两片树叶之间的无穷多的差异点,只需舍象(即舍去对象中其余未被抽取的无穷多的属性而暂时不予理睬)就行了。

广而言之,任何两种以上的事物,无论其差别多么巨大,我们的头脑都能在它们中间找出共同点,也就是抽象出共同的属性。这也是创意思维经常使用的具体方法之一。另一方面,当我们能够把曾经舍象的属性捡起来,重新加以认真思考的时候,往往可以发现一个新天地,产生新的创意。正如对某个具体人的评价,我们很容易夹杂着个人感情,"爱而忘其恶,恨而忘其善"。也许有一天你突然发现。自己多年的老朋友也会做出很卑鄙的事情。

有一天吃晚饭的时候,正在上小学的弟弟给全家人提出了一个很奇怪的问题:"要是全世界的电话线路都断掉了,会产生什么结果?"当医生的爸爸回答说:"病危的人就不能得到及时的救治,使死亡率上升。"善于持家的妈妈高兴地说:"那太好了,我们就不用付电话费了!"当消防队员的哥哥回答说:"报警速度将会降低,使火灾的损失大大增加。"热恋中的姐姐回答说:"两人约会的次数一定会大大减少。"

从创意的角度来说。准确地选取与特定问题有关联的外界对象,是获得创意的基本前提。我们的思维能力毕竟是有限的,不可能处理无穷的信息。问题在于,我们的头脑应该牢记着,进入思维过程的对象并非所有的对象,还有无穷多的对象因为没有获得入场券而只能待在头脑之外。

由于每个人在实践目的、价值模式、知识储备等方面不完全相同,因而各人对同一群对象的选取也不会完全相同。你认为老师讲的 A 观点很重要,因而留下很深的记忆;另外一位有可能会认为,B 观点才是重要的,而 A 观点毫无独特之处,早把它忘得一干二净;还有一位也许会认为A 和 B 都无足轻重,而 C 才是至关重要的观点,如此等等。

几位学生坐在教室里,专心致志地听老师讲课。他们可以一边听课一边记笔记。下课后,分别请他们复述一下老师在课堂上讲的内容。复述的结果也许会令你大吃一惊。你发现不同学生的复述差别很大。而且复述差别的程度，与学生之间在观念和文化方面的差别程度成正比。也就是说，学生之间的差别越大，他们的复述之间的差别也越大。如果这些学生来自不同的国度，那么他们的复述简直会有天壤之别，使人感到他们并不是在复述同一个老师的同一次讲课。这就是头脑对外界对象选取的结果。

面对周围无穷多的事物和观念，我们的头脑首先对它们进行筛选，每次只选取一个或少数几个对象，被选取的对象进入头脑参与思维。而其余没有被选取的对象，便遭到了被摒弃的命运。经过这样的处理，本来数量无穷多的可供思维的外界对象，就变成数量有限的少数几个对象了，头脑就能够对它们进行深入而细致的思考。

外界的对象每时每刻都在发生着无穷无尽的变化，以至于很难把握事物的本来面目。我们的头脑采取了"动态截取"的手段，把连续变化中的事物一段一段地剖开，从一个或几个剖面来思考事物，从而把事物无穷的变化转化成了有限的变化；把动态的事物凝固成了静态的事物，这样思考起来就方便多了。

一块面包，它以前不是面包，以后也肯定不会是面包，但是，只要它现在是面包，我们就只把它当作面包看待，而不去考虑它的"历史"和"未来"。英国哲学家休谟曾经警告我们，你手里拿的面包能不能营养自己的身体，这并不能根据过去的经验推断出来，因为谁都无法保证过去与未来的"齐一性"。但是那不过是思想家头脑中的推论，现实中肚子饿了想吃面包的人，是想不到那么多的。

对外界事物的"动态截取"还有一种含义，就是忽略其微小的变化。只要事物没有发生本质性的重大变化，我们都可以认为事物是静止的——尽管其中细小的变化一刻也没有停止过。这不失为一种简便而实用的方法。从这样的观点来看，人是能够"两次踏进同一条河流"的。尽管河中的流水滚滚不停，但是这条河的位置、长度、宽度、水质等基本方面没有改变，我们不妨还把它当作原来的那条河看待。比如黄河，数千年流水不止，而且改道许多次，但是大家习惯上认为那还是同一条黄河。

抓住事物细小的变化不放,常常是诡辩论者的拿手好戏。据说,有个人借了别人的钱,别人来讨,他不认账,说:"借钱时候的我已经不是今天的我了,变化很大,判若两人,因而你不应该向我讨债。"

这也许只是一个笑话,但是深入地想一想,问题并不那么简单。究竟哪些变化属于"细小的"而可以忽略不计,哪些变化是"本质性的"必须予以考虑呢?换句话说,我们头脑对处在变化中的事物的"截取点"应该定在哪里呢?如果能够打破常规,变更一种"截取点",那就会产生一种不同寻常的观念。这就是创意。比如,一个人总是从一个受精卵逐渐长大的,那么长到多大才算是一个"人"呢?这时的"截取点"就有了差异。在某些落后地区,溺婴并不算"杀人";而在西方的一些国家,怀孕四个月以上的堕胎就犯了"杀人罪";而某些宗教团体甚至主张"避孕就是杀人"。

心灵悄悄话
XIN LING QIAO QIAO HUA

客观事物的发展是持续不断的,而发展的阶段则是由头脑的思维来划分的。划分的标准变了,我们看世界的方式也就变了,创意的萌芽便显示出来。

你的创意角度

假如在创意思维的一开始,便要求头脑"要符合实际""不能胡思乱想",那么我们的思维就难以发挥其巨大的"超越性"特点,不可能有新的创意产生。我们稍微留心就能看到,对人类历史影响深远的"新点子",在刚产生的时候,几乎都是"不符合实际的""没有实用价值的""纯属胡思乱想"之类的东西。

孔夫子带着他的徒弟们周游列国,在一个国家饿了很多天,好不容易搞到了一点儿米,便让颜回煮成饭给大家吃。孔夫子看到饭刚煮好。颜回便悄悄地抓了一把饭往嘴里塞。孔夫子很不高兴,把颜回训斥了一顿说:大家都在饿着。你怎么一个人先吃呢?

颜回委屈地说:我刚才打开锅盖,看见饭里有一块很脏的东西,我怕这个脏东西被别人吃掉了,于是我就自己把这个脏米饭吃下去。孔夫子听后,对这个事情发了一番感慨:我们每一个人都有自己观察不到的地方,而且每一个人对于眼前的事实和所发生的事情,都是按照自己的理解来加以解释。这里就会发生许许多多的误会和错误。所以,**要想成为一个君子,就要认识到自己思考中的盲点,对那些察觉不到的地方,要特别地谨慎,不能匆匆忙忙地下结论。**

每一个人在观察和认识事物的时候,都会有自己的盲点,也就是他所看不到的地方。因为每个人头脑当中都有自己固定化的思维模式。符合这种习惯和模式的事物,我们对它的认识就十分清楚。而超出这个习惯和模式的事物,我们往往加以忽略。而且对于自己认为有意义的那些事物。总是特别注意,并且总是习惯于按照自己的理解对它们加以把握。

所以，每个人的认识和目光，都像一支手电筒，它仅仅照出一个光柱。在光柱之外的事物，都被我们忽略了。

创意思维所得到的结果，应该尽量地全面一些。考虑的问题应尽量周到一些，这是毫无疑问的。但是，"彻底的全面"同样是若隐若现的东西。如果一味地追求"全面性"，也许要失去许多创意的好时机。

有一位辩证法思想家认为，要想全面而彻底地认识任何一个事物，都必须首先认识整个宇宙中的每一个事物。请想一想，你面前的这张木制书桌，要想全面认识这张书桌，必须首先认识其中的木板；要想全面认识那块木板，必须首先认识剖成木板的那棵树；要想全面认识那棵树，必须首先认识养育那棵树的土壤、雨水、阳光等条件；要想全面认识这几个条件，还不足以让你去研究整个宇宙的起源和发展吗？

你一定听说过"金银盾"的故事：一个将军站在盾牌前面，说盾牌是"金子做的"；另一个将军站在盾牌后面，说盾牌是"银子做的"；第三个将军站在盾牌侧面，说盾牌是"金子和银子做的"。很显然，前两位将军的话是"片面的"，第三位将军的话是"全面的"，但只是相对于前两位将军来说是"全面的"。也许剖开盾牌，发现里面是块铁板，金和银是镀在外层的。那么，我们能不能从相对的全面出发，逐渐扩展，最后达到"彻底的全面"呢？也许理论上能讲得通，但实践上肯定是办不到的。这还是由于思维对象的无穷多及其属性和变化的无穷多。

思维无法达到"彻底的全面"，这一事实并不能让我们感到很悲观，因为我们本来就不需要它。盲目追寻"彻底的全面性"是完全没有必要的。庄子笔下的"庖丁"，把一只活生生的牛只看作一堆骨头和筋肉的组合体，只想着其中骨头缝的宽窄，这显然是片面的。庖丁不像农夫那样，了解牛能拉多重的车，一天吃多少料；庖丁也不像画家那样，了解牛在奔跑时的英姿，知道牛抵架时尾巴是夹着还是翘着。庖丁就是庖丁，他不想跟农夫和画家学习，以便对牛的认识更加全面；对于庖丁的实践目的来说，"目无全牛"就足够了。鲁迅也曾说过，在中国古代，对人体颈骨的结构研究最透彻的，不是医生（中医不重解剖），而是刽子手。

随着实践目的的改变，人们对事物认识的重点就从一个方面转到另一个方面。空调厂商经常说，"据科学家预言，地球将变得越来越热"；而电暖气商则说："据另一些科学家预言，地球将变得越来越冷。"双方都没有讲错，都选取了于自己有利的科学家预言。

全面性问题对于创意思维具有双重意义。有些时候，我们放开眼界，打破某一种片面性，就可以获得新创意；而在另一些时候，我们固守某一种片面性，沿着这个片面性"一条黑路走到底"，同样能够得到某种创意——正如有位哲人所说，"真理就是最偏的偏见"。

在现实生活中，达到相对全面性的方法之一，就是把不同人的观点和思路结合起来，从中找出创意的幼芽。因为每个人观察问题的角度、思考问题的方法以及对待某些问题的态度，都有自己的特殊之处，不可能与别人完全相同。听取别人的观点，就等于自己多了一种思考问题的角度、方法和态度，新奇的创意往往蕴含在新奇的角度之中。

尽管我们无法获得"纯粹客观"，无法达到"彻底的全面"，但是我们还有一种补救的办法，那就是抓住思维对象的本质和主流。

历史上有不少的哲学家，也把获得"永恒真理"的希望寄托在"本质和主流"的身上。他们认为，在思维和认识的过程中，只要抓住了某些重要的对象，抓住了一个对象的某些重要属性，也就抓住了整个对象的"本质"和"主流"，就能够以简驭繁，"纲举目张"。舍掉某些无足轻重的对象，舍掉对象的某些无足轻重的属性，并不妨害我们对整个对象的把握。"永恒真理"仍然是可望又可及的东西。

从人们的实际思维进程来看，问题并非如此简单。

你的面前摆着啤酒瓶，一只普普通通的啤酒瓶。请想一想，它的"本质和主流"是什么？你想用这只瓶来装酱油，那么它的牢固、不渗漏、密封、不透光等属性就成了"本质和主流"；你的儿子想用这只瓶来装蝴蝶，那么它的透气性、透光性就成了"本质和主流"，不具备这两个属性的瓶子就意味着"本质"上不合格；你的朋友想把这个瓶子磕掉瓶底当作自卫武器，那么瓶子的硬度就上升为"本质和主流"的属性，而瓶子的透光之类的属性则成了无足轻重的"非本质"的"支流"问题。

你的面前放着一部《红楼梦》,就是曹雪芹和高鹗两人合著的《红楼梦》。请想一想,这部书的"本质和主流"(即主题思想)是什么?是一部"自然主义的自传"?是一部有伤风化的"诲淫之作"?是一部"反清排满"的"革命者的启蒙"?是一部宣扬儒释道"三教合一"的哲理书?是一部展示"封建社会衰亡"的历史教科书?还是一部兼容以上各项内容的"大杂烩"?……

只是当它们进入头脑之后,在思维主体的实践目的、价值模式等思维手段的操作下,不同的对象和同一对象的不同属性才排列出主次轻重的顺序,它们的"本质和主流"方才凸现出来。

结果,**在不同思维主体的不同实践目的、不同价值模式的操作下,同一对象的本质和主流就会显示出差异**。在现实生活中,我们经常能见到两人在不停地争论:某事从"主流"上看是"好事"还是"坏事",某人从"本质"上说是"好人"还是"坏人",等等。在这一类争论中,有时有正误之分,有时则没有正误的问题,只是争论者各自的衡量尺度不同。

从创意角度来说,我们不应局限于对事物现有的"本质和主流"的认识,而应该挖掘出同一事物的新本质和新主流。

心灵悄悄话
XIN LING QIAO QIAO HUA

从创意思维的角度来说,必须摆脱所谓"纯粹客观"对思维主体的束缚,自由地发挥其想象力,才能冲破有形的和无形的思维障碍,获得奇妙的点子。

天赋能力与创意思维

　　"天赋能力"和后天"丰富环境"对创意思维有着重大意义，也许有的朋友会因此而感到失望，认为自己既没有很高的"天赋"，也没有条件到各地去游历以便增长见识，那么进行思维训练还有多大的意义呢？看来自己愚笨的头脑是"无可救药"了。

个性与创意思维

　　你大可不必灰心丧气，因为"天赋能力"到目前为止还缺乏准确的度量，而"丰富环境"也只是一个相对的概念，再单调的环境，自己也可以把它丰富起来。退一万步说，即使你的先天和后天两方面的条件都不如意，那更应该及早进行科学的思维训练，以求"堤外损失堤内补"，尽快提高自己的创意思维素质。不然的话，任其自然，岂不更糟？

　　社会学家高夫（H. Goush）在研究人的个性与创意之间关系的时候，抽取了不同领域的12个样本，共有1701名被试者，他采用"形容词检查单"的方法来区分个人创意能力的强弱。最后高夫发现，有些形容词与个人的创意力成正相关的关系，而另一些形容词则呈现出负相关的关系。

　　与创意力成正相关的形容词是：有能力的、聪明的、有信心的、自我中心的、幽默的、个人主义的、不拘礼节的、有洞察力的、理智的、兴趣广泛的、有发明精神的、有独创性的、沉思的、随机应变的、自信的、好色的、势利的。等等。而与创意力呈负相关的形容词是：易受别人影响的、谨慎的、平凡的、保守的、抱怨的、老实的、兴趣狭窄的、有礼貌的、忠诚的、顺从的、多疑的等。

这里所说的"形容词"，实际上是指人的个性品质。我们说某个人能够用哪些"形容词"来描述，也就是说他具有哪些品质与个性特征。从高夫所得出的结论可以看出，有助于创意能力的那些品质，有些属于天生的性格方面，有些显然是后天家庭和社会教育的结果。而其中大部分的品质，都是能够通过科学安排的训练来获得的。这也从另一个途径证明，一个人的创意思维能力是受到多方面的因素制约的。

16 创意思维能够训练

社会需要创意，创意来自思维，思维的能力有强有弱，那么创意思维是从哪里来的呢？我们知道有些人天生就很聪明，智力超人，比如李白或胡适。我们也听说过有的家庭经过努力，培养出创意能力很强的人，比如那位有名的逻辑学家密尔。显然，先天因素和后天因素同时影响着一个人的创意思维水平。

也许读者最关心的问题是，对于中等智力水平的人来说，通过科学的头脑训练，究竟能在多大程度上增强其创意思维能力？这的确是一个值得探讨的问题。

在某种程度上，循规蹈矩是大多数人的习惯，规矩的流行，使人自然而然地不去费神思考，而是随波逐流。长此以往，个性将被磨平，思维将会迟钝，自己的聪明智慧渐渐化作了斑驳的影子……本来应该是一颗熠熠发光的珍珠，结果却蒙上了一层又一层的尘埃，这难道不可悲吗？

所以，果敢地打碎陈旧的思维习惯，及时让你的创意放射出动人的光彩吧！下面介绍一下激发创意力的十种方法：

第一，确立你的目标。明确的目标是激发创意力的原动力。任何人的头脑中都充满着奇思妙想的胚芽，创意的关键不在于这些胚芽的多少。而在于如何让它们萌发；而树立目标是让这些胚芽萌发的前提条件。

第二，相信自己。激发创意力最大的绊脚石是认为自己缺乏创意力。很多人持有这种观念，他们以为创意力是不可企及之物，应该以敬畏之心看待发明家。但是，即使最伟大的创意点子，也并非无计可循、难以琢磨的。以电视游乐器发明人诺南·巴希奈为例。他的灵感即来自游戏与电视这两项最受人喜爱的东西，经他一结合，变成了价值 5 亿美元的点子。其实，这只不过是一个平凡的联想而已。

第三，灵感来临，随时记下来。当意识进入睡眠状态或沉浸在其他事情中时，潜意识仍会继续思索。诗人雪莱曾说："伟大的作家、诗人和艺术家，都曾经证实自己作品的灵感来自潜意识。"

你可以尝试在灵感来时，放下手边的事，立即捕捉它。富有创意力的人都宣称，他们的灵感通常是在入睡之前，或者刚睡醒时产生的。事实上，他们所说的话是有科学依据的。创意力和脑波阀有关，而脑波阀控制着人熟睡前这段时间的意识知觉。

不妨将便纸条、录音笔放在床边，以便灵感来时能尽快记录下来。即使睡意正浓，也别懒于起身整理突如其来的构思，这样所得到的回报，将远远超过加班加点致使睡眠不足所获得的收获。

第四，敢于打破安于现状的束缚。创意，就是要敢于对现状不满，敢于质疑，敢于追求你更高的目标。

不妨以画画的方式，把问题"记"在纸上。画画和右半脑的活动有关，它能触发影像、观念及直觉；写字则和主控知识、数字、逻辑的左半脑息息相关。让思绪随着信手乱画而飞扬，画出你所想的问题，并从各种角度来描述它，进一步在脑中将它转变成动画。逐步习惯以视觉和脑部知觉来处理问题后。你会惊奇地发现，原来激发灵感是这么容易。

第五，创意是一项事业而不只是一项生意。在"知识经济"时代，每个人都应该把自己从事的工作当作一项事业，切实感受到自己为他人、为

社会正在作出贡献,从而内心充满自豪感。正如伟大的奥地利心理学家维克多·弗兰克所说:"成功就像幸福,是不可被追求的,它必须是一个人献身于一项比自身更伟大的事业时接踵而来的、非故意的负效应。"

第六,思考多种方案。平常我们多养成"只找一种答案"的习惯。很多商界人士只要发现一个解决问题的好方法,马上就会松口气,说:"这个办法不错,我们就这么做。"但是更富创意的主管却会说:"方法是不错,不过再想想,看有没有其他更好的方法。"

找出各式各样的解决方法需靠不断地思考,一有难题,便将它记录在备忘录上,并写出所有你能想到的相关事件及解决方法,然后再向那些你认为可能会提供好建议的人询问解决之道。

第七,经常诘问自己。这种定期反省的方法,可以帮你确信自己的创意构思。问问自己:"不提出工作计划对我有什么好处? 我非得在下属面前扮演指挥者的角色吗?"常常诘问自己,能使你更肯定(或矫正、或全然放弃)原先的构思。不论使用何种诘问的方法,你都在启开着新点子的大门。

这个有趣而有效的方法,可以动员更多的脑袋来构思寻找解决之道。

最后,化创意为行动。所有的构思都必须付诸实行,才能真正具有价值。

心灵悄悄话
XIN LING QIAO QIAO HUA

　　不要吝于将创意付诸行动。试试看哪些点子行得通。哪些行不通。然后你就会自己想象出点子,而且对这个世界很有帮助。肯定自己的创意能力,并付诸实践,你也能成为创意天才。

创意意识是创意的基础

创意意识是创意的基础,它是指人们根据社会发展的需要,引起创造以前不曾有的事物或思想的动机,并在创造中表现出自己的意向、愿望和设想。它是人们进行创造活动的出发点和内在动力,是创造性思维和创造力产生的前提。创意意识包括创造动机、创造兴趣、创造情感和创造意志。创造动机是创造性活动的动力因素,它能推动和激励人们发展和维持创造性活动;创造兴趣能促进创意活动的成功,是促进人们积极寻求新奇事物的一种心理倾向;创造情感是引起、推进乃至完成创造的心理因素,只有具备正确的创造情感才能创造成功。

创意意识是创造型人才所必须具备的,培养创造型人才的起点是创意意识的培养和开发。要求我们具有创意意识,实际上是要我们改变传统的思维方式,改变传统的提出问题、思考问题的方式。在这个多变的时代,如果做不到这一点,即便拥有了最新的知识也有可能在激烈的竞争中被淘汰。不是有句话吗,"今天你如果不生活在未来,那么明天你将生活在过去。"这绝不是危言耸听,在新的时代,由于新旧事物更替速度倍增,我们的思维方式也必须顺应形势的需要,对各种事物多用异样的眼光去审视,多从不同的角度去观察。

爱因斯坦曾经分析创造的机制是:由于知识的继承性,在每个人的头脑里都容易形成一个比较固定的概念世界,而当某一经验与这一概念世界发生冲突时,惊奇就会产生,问题也开始出现。而人们摆脱"惊奇"和消除疑问的愿望便构成了创意的最初冲动,因此,"提出问题"是创意的前提。而恰恰是这个"提出问题"的环节对我们来说可能非常困难。也许你认为个人的观念带有很强的主观性，容易随各种环境、形势、条件等的变化而变化，但实际上并非如此。相反的是，一旦某种观念在我们的头脑中形成，要改变甚至放弃这种观念将是异常艰难的，但是我们又必须克服这种困难。因此在未来的时代，新事物、新观点、新概念的出现是如此之多又是如此之快，我们几乎每时每刻都受到"更新"的剧烈冲击。我们要接受别人的更新，就必须更新自己旧有的东西；我们要挑战、要竞争、要胜利。就更需要更新自己旧的东西和属于他人的东西。如何更新？关键是要学会与众不同。

诺贝尔物理学奖获得者朱棣文在接受《中国青年报》记者采访时曾说过这样一句话："科学的最高目标是要不断地发现新的东西，因此，要想在科学上取得成功，最重要的一点就是要学会用与别人不同的方式、别人忽略的方式来思考问题。"对于我们每个人来说，无论是想在科学上还是想在任何一个领域、任何一项事业中获得成功，都必须学会用与别人不同的方式来思考问题，学会用别人忽略的方式来思考问题。而这首先要求我们要有一种创意的意识。意识是起点。是内在动力。著名的苹果电脑公司为什么会从极度的辉煌中跌落呢？虽然这其中有各个方面的、多层次的原因，但是没有创意的意识恐怕是重要原因之一。

另一个类似的例子同样出现在电脑业，美国的国际商用机器公司（IBM）早些时候为了保护好其所建立的电脑王国，奋战、周旋于 DOS 系统的个人电脑、开放式作业系统以及主从式的电脑结构之间。但他们的目标不是去淘汰，也不是去创意，而是去保存，并且反对他人更新的产品。他们不愿意报废、改进、完善自己的产品，结果他们的竞争者替他们做了这件事，而且，整个结果已在商场上毫不留情地展示了出来。那些著名的产品之所以在更新换代如此频繁、竞争异常激烈的市场中屹立不倒，就在于其领导者有不断创意的意识，他们明白自己今天的畅销品实际上正是明天的淘汰品，因此，他们才有创意的动力。

创意意识的形成不是一蹴而就的，它需要我们长期培养。按著名经济学家熊彼特的说法，创意的核心含义是"引入新要素""实现新组合"。

他认为创意要求向原有的框架中引入新要素,因而必然包含着对旧有要素的"创造性破坏"。这对于我们开发和培养创意意识是有启迪的。我们在接触一个事物、思考一个问题的时候,要养成敢于打破常规的习惯,从别人认为是荒诞的、离奇的、不可思议的角度出发想问题,大胆引进新的东西。另有人指出:观念的创意实际上是"旧的成分的组合"。这也提醒我们在思考问题的时候可以大胆地进行组合、激发出新的设想。只要我们有意识地按照上述的办法来锻炼自己从多角度、多维度、多种类思考问题的能力,创意意识就会逐渐地扎根于我们的头脑之中,我们也会自觉不自觉地以创意的眼光安排、设计我们的一切。

心灵悄悄话
XIN LING QIAO QIAO HUA

　　创造意志是在创造中克服困难、冲破阻碍的顽强毅力和不屈不挠的精神,使心理因素具有目的性、顽强性和克制性。

21

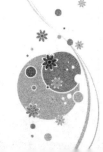

思想的角度

对于人的头脑,可以从两个方面进行研究:一是从生理学和脑科学的角度,二是从哲学、社会学和心理学的角度。以下内容从这两个角度来探讨创意思维主体的主要内容,及其对创意思维的影响。

18世纪的机械唯物主义者认为。人的头脑在认识外界的事物之前,是空无一物的,就像一块干干净净的"白板";当需要认识的东西——如自然的事物、社会的活动或别人的思想观念等——进入头脑之后,便能够清晰地印在这块"白板"上。外界有什么样的东西,"白板"上就有什么样的东西;反过来说,"白板"上所有的东西,也一定能够在外界事物中找到原型。按照"白板论"的观点,比如说,我闭上双眼,任何东西都看不到,处在"一片空白"的状态;然后我猛一睁眼,那么处在我视域之内的所有东西——图书、稿纸、眼镜、水杯、圆珠笔等都会毫无遗漏地通过我的双眼进入头脑。而我的头脑对于来自外界的"客人"则是一视同仁,兼收并蓄的。如此一来,便很难产生"创意""发明"之类的事情了。

然而,头脑的实际运作情况并非如此。人脑是地球、宇宙的全息照片。这是脑科学研究者作出的一个重要推论,并引起巨大反响。

根据全息论,人脑跟全息照片是同一原理。全息摄影能将整体的任何部分、任何片段都摄下来,产生一种真正的三维空间效果。假如你拍摄一张桌子,然后把照片撕碎,每一个碎片显示的不是这桌子的部分,而是显示桌子的整体。科学研究者和心理学家们考虑,全息照片应当与人脑相似。他们坚持认为,人脑是作为一个整体在工作的——它的部分,甚至小到一个脑细胞,都可能反映整个大脑的活动。而且人脑是整个地球乃至整个宇宙的全息照片。约瑟夫·契尔顿·皮尔斯在《奇妙的幼儿》中写道："新生儿的大脑，作为一张全息照片的碎片，必须接受地球全息照片的感光，并与地球相互作用，以达到清晰化，或者说调整好人脑照片的焦距。如果把一个初生儿的大脑隔绝在屋子里，不让它与地球相互作用，那么清晰化就不可能达到……**人脑越是长大，越是精致，全息效果也越好，人脑与地球相互作用的智慧或能力也越大。**"

另一位心理学家普里伯姆把这种全息摄影的纪录进一步引申，他认为：假如人脑中真有这种全息照片，那就意味着我们可以利用各种信息频率在人脑中储存事物。然后我们就可以用线性的或空间的方式把这些信息读出来。线性的方式是在一段时间内陆续进行的，空间方式是在同一时间内进行的。空间和时间并不存在于大脑中，它们是从大脑中读出来的……全息照片的每一部分包含着整体。这样，全部信息都在其中了，只是观察角度和观点略有不同罢了。

既然我们的大脑是对地球、宇宙的全息摄影，底片就存于脑中。那么摄影、摄像就一定是大脑运行的重要方式了，也可以说，通过使大脑摄影、摄像、拍照，可以数以百倍地提高用脑效率。那么大脑的摄影、拍照功能又是怎样运行的呢？

人脑的大部分记忆，是将情景以模糊的图像存入右脑，就如同录像带的工作原理一样。信息是以某种图画、形象，像电影胶片似的记入右脑的。所谓思考，就是左脑一边"观察"右脑所描绘的图像，一边把它符号化、语言化的过程。所以左脑具有很强的工具性质。它负责把右脑的形象思维转换成语言。

被人们称为天才的爱因斯坦曾经说过："我思考问题时，不是用语言进行思考，而是用活动的跳跃的形象进行思考。当这种思考完成以后，我要花大力气把它们转换成语言。"可见，我们在进行思考的时候，首先需要右脑非语言化的"信息录音带"（即记忆贮存）描绘出具体的形象。

左脑的功能可以为电脑取而代之，那么人对大脑的开发的必然选择就是开发右脑，启动全脑了，而右脑的功能突出表现为类型识别能力、图

形认识能力、空间认识能力、绘画认识能力、形象认识能力，可以概括为一个字就是"像"，有的心理学家将其称为心像或心理图像。

可以说，右脑最突出的功能就是像的功能，它能够大显身手、大显神威的就是摄像、显像的功能。

"思想"是左脑的功能。那么右脑的以呈"像"为主的功能，我们称为什么呢？称为思像。思像主要指的是右脑的运行状态。

如果说右脑有个软件的话，那么这个软件就是思像，是思像软件，它区别于左脑的软件——思想，虽然只有一字之差，但二者相差何止十万八千里啊！

提出思像这一概念，还有一层意思：我们说思像是右脑的软件、思想是左脑的软件，并不是说思想与思像、左脑与右脑就毫不搭界，彻底区别开来，而是思想与思像，左脑与右脑是相通相连的，其逻辑语言功能也好，显像功能也好，并非单独左脑的运动或单独右脑的运动，而是左右脑并用的全脑的启动。如果把左脑、右脑割裂开来看，那就错了。因而，思像这一概念的提出，一是考虑了右脑的像的功能，二是同时考虑了左脑的语言逻辑功能，其中以像为主，也就是说思像包含着"思"与"像"两重意思。"思"指语言逻辑，"像"指思像。这样，思像反映的就是以启动、开发右脑为主而带动、激活全脑的用脑过程。

心灵悄悄话
XIN LING QIAO QIAO HUA

创意的主体，简单地说，就是人的头脑，它是有理智、能思维、可以进行创意活动的总司令部。

头脑中的调色笔

经验证明,我们的头脑并不像一块"白板",而是更像一块"调色板"。头脑把外界输入的各类信息经过调色处理之后,进而画出一幅幅色彩鲜艳的图画。这也是头脑能够产生创意思维的现实根据。

每个人的头脑都拥有许多种调色笔,其中较为重要的几种是:实践目的、价值模式、知识储备等。

头脑中的实践目的

就是我们在思考事物或者解决问题时所要达到的目标,其语言表达式就是:"为了……"每个人在做任何事情的时候,都预先有一个明确的目的,这个目的指导着我们的思考和行为,并且自己能够意识到目的的存在,并能想象目的实现以后的美好情景。

我投稿发表文章,是为了交流学术观点,或者仅仅是为了拿到稿费;你报名参加函授,是为了学到知识,或者是为了获得文凭;他夜以继日地搞些小发明,是为了造福社会,也许是为了讨好女朋友……于是,我们的头脑就产生了"偏心眼":对于符合自己实践目的的事物和问题,将会给予加倍的注意;而对于那些与实践目的无关的东西,那就对不起了,一律拒之于千里之外。

在某国警官学校,毕业班学员正端坐在三楼的教室里,神情紧张地等待着即将来临的毕业考试。只见考官走进教室，迈向讲台，对学员们说："全体注意，现在考试开始！请你们立即跑步到一楼，然后跑步返回教室！"

学员们尽管迷惑不解，但是只能服从命令。他们赶快跑到楼下，并接着又跑回三楼的教室。学员们刚坐下喘息未定，考官的问题已经出来了："请问：从一楼到三楼，共有几级楼梯？"

这次警官考试是意味深长的，能够考满分的学员大概不会有很多。对于绝大多数人来说，楼梯只是上楼下楼的通道，能够达到这个实践目的就行了，而没有必要关心它究竟有几级；但是对于一名警官来说，他应该具有比常人更为敏锐的观察力，能够打破通常的"实践目的"对自己眼界的约束，以便发现与"侦破案件"这一实践目的相关的各类信息。我们读《福尔摩斯探案》时便经常看到，福尔摩斯的创意思维主要：表现在，他能够从普通人所忽略的蛛丝马迹中找出案件的关键线索。德国哲学家黑格尔有句名言："熟知非真知。"说的也是这个道理。

请想一想，为什么"熟视"却"无睹"？某些事物一千次、一万次地出现在我们的视域内，我们却"视而不见"。其根本原因就在于，那些事物不符合我们的实践目的，头脑感到没有必要去理睬它们。比如，你家碟子上的花纹是什么样的？希特勒的"纳粹党标志"是左旋的还是右旋的？类似的问题有许多，你大概都回答不上来。

再想一想，为什么"充耳"却"不闻"？某种声音一千次、一万次地回响在我们的耳畔，我们却听不到。原因同样在于，那种声音是实践目的之外的东西，头脑没有义务去感受它。比如，你家冰箱多长时间工作一次？每次工作多长时间？你在读小说或写文章的时候，还能听见身边闹钟的"滴答"声吗？对于这类问题，你的回答大概都是否定的。

思考之前的知识储备

著名物理学家费米在一次讲演中曾经提到这样一个问题："芝加哥市需要多少位钢琴调音师？"然后，费米自己解答说："假设芝加哥有300万人口，按每个家庭4人，而全市1/3的家庭有钢琴计算，那么芝加哥共有25万架钢琴。每年有1/5的钢琴需要调音，那么，一年共需调音5万次。每个调音师每天能调好4架钢琴，一年工作250天，共能调好1000架钢琴，是所需调音量的1/50。由此推断，芝加哥共需要50位钢琴调音师。"

这是一个典型的"连锁比例推论法"，在解决实际问题和获得思维创意的过程中经常被采用。在这种推论中，需要很多预备性知识做基础。比如，你应该知道"有钢琴家庭"所占的比例、调音师的工作效率、工作时间等。

在进行任何一项创意思维之前，我们头脑中总要有一些预备性的知识。头脑把这些知识当作铺垫或者跳板，然后构想出改进物品或解决问题的新方法。

值得注意的是，知识自身就隐含着某种价值观念，并构成一种特定的框架，从而对头脑的观察范围和思考偏向作了预先的规定。凡是与这种规定相吻合的，头脑会予以加倍关注；而与这种规定无法沟通、风马牛不相及的，头脑就会毫不留情地把它们拒之于大门之外。

所以，每个人头脑中所思考的事物和问题，都受制于自己的知识水平。正如每个人喜欢读的书不同，除了欣赏趣味之外，其差异点主要是由知识程度决定的——谁都不愿意去读一本自己根本就读不懂的书。由此看来。头脑中的知识既是创意的必要前提，又有可能成为创意的制约因素。

思考之前的价值模式

在各种各样的外界事物和观念中,有些能够满足我们的需要,对我们有用;而另一些则不能满足我们的需要,对我们没用。有用的东西,在我们看来,就是"有价值的";而没有用的东西,就是"没价值的"。相应地,用处大的东西,其"价值"就大;而用处小的东西,其"价值"也就小。于是,头脑在对外界的事物、信息和问题进行接收和思考的时候,便依照其价值顺序进行排列:首先处理价值最大的,其次处理价值中等的,最后处理价值小的,而对于没有价值的东西则采取不理不睬的态度。

常常会有这种情况:同一种东西,在你看起来很有用,价值大,但是在我看起来则没有用,毫无价值。这就是人与人之间价值观上的差异。当人们面临选择的时候,他就会把外界的事物或观念按照其价值的大小排列出一个顺序。也就是排列出一个主次、轻重、缓急的次序。这种次序,我们就称之为"价值模式"。

有些时候,创意就是从那些不同的看法中出现的。

在中国人看起来,美国人的想法(实用性的)是一种创意;而在美国人看起来,中国人的想法(审美性的)同样是一种创意。其原因都在于双方的价值模式有差异。

对于个人来说,价值模式的转变就意味着一种新创意的产生,意味着他面前的世界"旧貌换新颜"。他的行为方式往往也会产生相应的改变。在日本的明治时代,有一位出身世族的剑士,初到三菱公司任职,公司要求他必须对客户恭恭敬敬乃至低声下气。这使得高傲惯了的剑士感到难以接受。

公司负责人便对剑士说:"笑脸迎人、低声下气,都是为了金钱。你不妨把客户当作一堆钞票,你朝他一低头,那堆钞票就飞到了你的口袋。

这有什么好难为情的呢？"这的确是一项创意，使得剑士改变了原来的价值模式和行为模式，他眼中的整个世界也都改变了。

大多数情况下，一种价值模式的建立是困难的，而一种价值模式的改变则尤为困难——对于个人、团体乃至整个民族来说，都是如此。

心灵悄悄话
XIN LING QIAO QIAO HUA

价值模式的差异对于创意具有重要的意义。人们的价值模式不同，对于同一个事物或者同一个问题就会产生不同的看法。

第一篇　你的创意无穷多

第二篇 打开创意的窗

思维定势是指当人们思考问题时，总会存在一种思维的惯性，会习惯地根据自己已有的知识，按照一种固定的思路去考虑问题。这种习惯性的思维程序使得人们一面对问题就会按照熟悉的方向和路径去思考，从而找出解决问题的办法。

这种思维定势对于人们解决一般的问题，可以起到"轻车熟路"的积极作用，使人们熟练地解决问题。但是。当人们需要开创性的解决问题时，思维定势往往会成为一种障碍和束缚。它将人们局限在某种固定的思维模式内，打不开思路：不能形成创意的新观念、新意识。

成败在于观念的改变

"创意"这个词,也许是近年来使用频率最高的词,翻开报刊,打开电视,网上漫游,听朋友聊天……举国上下都在"创意"。然而,**口头上的"创意"距离实践上的创意还有相当长的路要走,因为任何创意都需要一个良好的社会环境,而我们长期生活在一种僵化的体制下,头脑中充斥着各式各样的守旧观念**。比如:

1. 无创意欲望,得过且过,当一天和尚撞一天钟;
2. 认为现有产品和技术已完善,不需再创意;
3. 迷信权威和传统,不敢提出挑战;
4. 怕失败,视失败为耻,怕别人嘲笑;
5. 怕被说是出风头、搞特殊、别有用心;
6. 习惯于按老规矩或老习惯办事;
7. 不愿离开自己的专业,不愿学其他专业来为自己的专业服务:
8. 只愿跟着别人干,不愿自己创意;
9. 办一切事都按书本或规定的方法进行;
10. 思考问题时纵向深入多,横向扩展少;正向思维多,逆向思维少。

此外,还有逻辑思维、分析判断多,想象和直觉引发少:如此等等。有一位创意学家曾经说:一个人运用创意思维的次数,与运用后受到奖励的次数成正比:与运用后受到惩罚的次数成反比。在某种社会条件下,人们习惯于鼓励和奖赏创意思维;而在另外一些社会条件下,人们则习惯于压制并惩罚创意思维。因此,同样是人类的头脑,有时候有的人创意如涌泉,而另一些时候另一些人则僵呆像木瓜。由此可见,**创意思维并不仅仅是一个人的头脑行为,还要受到外在社会条件的制约。**

传统的守旧观念来自传统社会。"传统"是与"现代化"相对而言的。是指现代化之前的历史发展阶段。其基本特征是:以农业为主、以手工操作为主、信息闭塞、缺乏交流、不存在世界市场。在传统社会中,整个社会自上而下形成一个稳固的金字塔,社会主体是单一的而不是多元的,所以极少发生横向之间的竞争。没有竞争,当然就不需要创意,人们已经习惯于依照"老规矩"办事。

在计划经济体制下也是这种情况。那时的创意思维是属于极少数"天才人物"的特权,他们站在社会的金字塔尖上发号施令,而绝大多数的普通民众并不需要创意型的思维,只需要自上而下地"理解""传达"并"执行"就可以了;并且"理解的要执行,不理解的也要执行,在执行中加深理解"。

传统社会对于某些人的独立思考和创意精神是极端仇视的,因为创意将会破坏传统观念,导致社会的不稳定。所以,布鲁诺因为坚持"地球绕着太阳转"的新学说而被烧死在罗马的鲜花广场;连津浦铁路在刚修建时也被拆了好多次,因为守旧的人们把火车头当成"怪物",担心这个"怪物"会破坏本地积存数千年的好"风水"。

直至今日,在社会生活的各方面,依然存在着许多扼杀创意的态度,这种态度正是传统守旧观念的流毒。请想一想自己,你对新事物、新观念和新方案是否有如下的一些想法:

1. 我们从来没这样做过呀

2. 这改变太激进了

3. 有别人试过这做法吗

4. 成本太高了吧

5. 这不是我们的职责

6. 我们以前就做过啦

7. 我们没有时间

8. 我们规模太小做不来

9. 这样其他的设备就会闲置下来

10. 你别开玩笑了

11. 我们的竞争对手这样做吗

12. 我们回到现实来吧

13. 这才不是我们的问题呢

14. 为什么要改？以前运作得还是不错的

15. 你超前时代十年

16. 我们还没准备好做这样的事情

17. 我们没有这个也做得很好啊

18. 老狗学不来新把戏

19. 领导绝对不会赞成的

20. 我们会变成别人的笑柄

这就是传统社会的价值观,在这种价值观的指导下,人们感到一切变动都不必要,一切新事物都是坏的。在那样的社会条件下,正如鲁迅所说,搬动一张桌子都要付出血的代价。

在传统社会走向现代化社会的过程中,甚至到现代化完全实现之后,传统的文化意识和价值观念依然存在,并且继续对人们的创意思维过程产生着消极影响。

在教育方面,传统文化的影响似乎更为明显。有位西方教育学家认为。一般情况下,小孩子的头脑中总是盘旋着许多莫名其妙的新想法,而成人们总惯于认为这些想法荒唐可笑、不屑一顾。每当小孩内心一阵冲动,站起来想发表自己的看法时,他常常会招来一顿训斥:"坐下！别插嘴!"成人们也许没有想到,一个颇有天分的未来发明家就在这样的训斥声中被扼杀了。

这种情况在我们中国更为普遍,相对于西方现代化国家来说,我们的传统文化提倡求稳意识,而轻视风险精神。**一般情况下,任何创意总要承担一定的风险,它使你有可能犯错误,有可能失败,有可能受到亲朋好友**

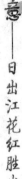
或者竞争对手的嘲笑，甚至有可能遭受重大的经济损失。即便是一个小小的创意，也有可能让你在众人面前丢脸。面对这些风险，你还有多少创意的勇气？人在潜意识里，思维容易受到传统观念的支配，这就是创意的思维障碍。要冲破这种障碍，就必须自觉地对根深蒂固的思想进行反思，勇于怀疑、批判别人和自己，这是创意的必要条件。如果一个人陷于保守之中，因为害怕碰壁而不敢踩过传统的红线，就会永远被传统挡在创意的门外。

某公司招聘职员，有一道试题是这样的：

一个狂风暴雨的晚上，你开车经过一个车站，发现有三个人正苦苦地等待公交车的到来：第一个是看上去濒临死亡的老妇，第二个是曾经挽救过你生命的医生，第三个是你的梦中情人。你的汽车只能容得下一位乘客，你选择谁？

每个人的回答都有他的理由：选择老妇，是因为她很快就会死去，我们应该挽救她的生命；选择医生，是因为他曾经救过你的命，现在是你报答他的最好机会；选择梦中情人，是因为如果错过这个机会，也许就永远找不回她（他）了。

在200个候选人中，最后获聘的一位答案是什么呢？"我把车钥匙交给医生，让他赶紧把老妇送往医院；而我则留下来，陪着我心爱的人一起等候公交车的到来。"

我们常常会被"非此即彼"的思维模式所限，自己"从车上下来"，抛开思维的固有模式，我们可以获得更多。

法国著名女高音歌唱家玛·迪梅普莱有一个美丽的私人园林。每到周末，总会有人到她的园林摘花，拾蘑菇，有的甚至搭起帐篷，在草地上野营，弄得园林一片狼藉，肮脏不堪。

管家曾让人在园林四周围上篱笆，并竖起"私人园林禁止入内"的木牌，但均无济于事，园林依然不断遭践踏、破坏。于是，管家只得向主人请示。迪梅普莱听了管家的汇报后，让管家做一些大牌子立在各个路口，上面醒目地写明：如果在林中被毒蛇咬伤，最近的医院距此15公里，驾车约半小时即可到达。从此,再也没有人闯入她的园林。

"私人园林禁止入内"和"如果在林中被毒蛇咬伤……"有什么不同?——有时成败只在于一个观念的转变。

作家毛姆成名之前,生活清苦。为求文章有价,有一次写完一部小说后,毛姆在报纸上刊登了这样一份征婚启事:"本人喜欢音乐和运动。是个年轻又有教养的百万富翁,希望能和毛姆小说中女主角完全一样的女性结婚。"几天之后,毛姆的小说被抢购一空。

应当说,毛姆开了现代畅销书炒作的先河。只不过,今天的这些文人炒作手法比毛姆要差远了。

你穿过牛仔裤吧,可你知道牛仔裤的来历吗?

在美国西部,一个乡下青年要去参加斗牛赛,可他穷得除了一条破裤子,再也没得换了。事先,他曾想借一条裤子,可朋友们说,他要去参加斗牛赛,回来时,好裤子可能又成了破裤子。于是,谁都不肯借给他。

青年只好穿着露了膝盖的破裤子到了赛场。没想到,他竟奇迹般地得了第一。他上台领奖时,破裤子使他很难为情。台下十几名摄影记者却不管不顾地为他拍照,他简直无地自容。

谁想,他的相片被登在报上后,他的破牛仔裤竟然成了当时许多年轻人效仿的款式。几天之后,大街小巷到处都是穿着破裤子的青年。这一景象一直流传到今天。

在这个个性缺失、模仿成风的年代,所有的人都能弄一条破裤子穿在身上,可英雄的胆略、智者的智慧、成功者的思维,他们都能继承吗?

"山重水复疑无路,柳暗花明又一村",变换思维模式和审视问题的方法就会发现惊喜。对我们自身思想和思维的反思常常是我们思维的死角。

法国著名科学家法伯发现了一种很有趣的虫子,这种虫子都有一种"跟随者"的习性,它们外出觅食或者玩耍,都会跟随在另一只同类的后面,而从来不会换一种思维方式,另寻出路。发现这种虫子后,法伯做了一个实验,他花费了很长时间提了许多这种虫子,然后把它们一只只首尾

相连,放在了一个花盆周围。在离花盆不远处放置了一些这种虫子很爱吃的食物。一个小时之后,法伯前去观察,发现虫子一只只不知疲倦地在围绕着花盆转圈。一天之后,法伯再去观察,发现虫子们仍然在一只紧接一只地围绕着花盆疲于奔命。七天之后,法伯去看,发现所有的虫子已经一只只首尾相连地累死在了花盆周围。

后来,法伯在他的实验笔记中写道:这些虫子死不足惜,但如果它们中的一只能够越出雷池半步,换一种思维方式,就能找到自己喜欢吃的食物,命运也会迥然不同,最起码不会饿死在离食物不远的地方。

其实,该换一种思维方式生存的不仅仅是虫子,还有比它们高级得多的人类!

一个非常著名的公司要招聘一名业务经理,丰厚的薪水和各项福利待遇吸引了数百名求职者前来应聘,经过一番初试和复试,剩下了10名求职者。主考官对这10名求职者说:"你们回去好好准备一下,一个星期之后。本公司的总裁将亲自面试你们。"一个星期之后,10名做了准备的求职者如约而至。结果,一名其貌不扬的求职者被留用下来,总裁问这名求职者:"知道你为什么会被留用吗?"这名求职者老实地回答:"不清楚。"总裁说:"其实,你不是这10名求职者中最优秀的。他们做了充分的准备,比如时髦的服装、娴熟的面试技巧,但都不像你所做的准备这样务实。你用了一种超常规的方式,对本公司产品的市场情况及别家公司同类产品的情况做了深入的调查与分析,并提交了一份市场调查报告。你没被本公司聘用之前,就做了这么多工作,不用你又用谁呢?"

世上的事情有时就这么简单得让人难以置信:如果你墨守成规,等待你的只有失败;相反,如果你稍微动一下脑筋,对传统的思维方式进行一番创意,就能获得成功。比如,那种具有"跟随者"习性的虫子,为什么就不能动动脑筋,对自己固有的习性进行一下创意——不跟在别人身后漫无目的地奔跑,而像那个其貌不扬的求职者一样换一种思维方式呢?

创意思维,就是将不合时宜的思维方法去除,从而让人们在生活和工作中,能反观自己的思维,能根据客观现实,随时调整改变自己的思维方式。

假如我们仅仅局限于常规思维,路子不仅越走越窄,甚至还会走入死胡同。而打破思维惯性,换个角度思考,尝试多角度、多层面的思考方式和审视方法,往往就会有意想不到的收获。

有时候,所有人都去做的事情不一定就是最有发展前景的事情,更不一定是最适合你的事情,而另辟蹊径,寻找自己的强项和优势,寻找别人看不见的解决问题的方法,才可能使自己始终立于不败之地。

创意是人类大脑的一种特殊机能,每个人都有创意的天赋,但是人们的这种天赋常常难以发挥其应有的作用,这是因为创意思维受到了阻碍。

心灵悄悄话
XIN LING QIAO QIAO HUA

如果想去除阻碍,就必须要克服胆怯,增加批判意识,有效运用创意思维。要积累知识、独立思考、突破束缚、学会联想、捕捉直觉和灵感、挖掘创意的潜能。

第二篇 打开创意的窗

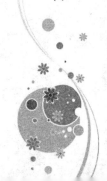

有学识，也要有创意

学知识是一件好事，但如果不结合实际情况加以运用，这样的知识是僵化的，我们的大脑就成了存贮的仓库，而不是创意的源泉。这就如同一潭水，如果水不流动起来，只能成为死水；而如果经常注入新鲜的水，并且经常流动才是我们思维的活水源头。**狭隘的知识结构通常会限制问题的解决。**

譬如我们现在许多大学毕业的学生，他们在学校里已学到了许多前人传授的知识并以此来解决问题。到工作岗位后，他们还是习惯于从教科书中找现成的答案，不去考虑其他或许更有创意的方法。他们不知教科书上介绍的只是旧有的知识，创意的方法或答案在那里是找不到的。因此这样的毕业生往往是拿问题去套解决方法，这样做的结果也只能是劳而无功。

思维能力强的人善于管理自己大脑吸收的各种信息。我们处在一个信息社会，知识爆炸，信息满天飞，但是切不可被大量无用的信息占据头脑，而失去积极思考的能力。只会吸收知识而无处理能力的人也只能是一个"书橱"，难以创意出新的东西来，要学会过滤所学的知识。

爱因斯坦就很会利用自己的大脑。当有人问他一些数学书上常见的公式或定理时。他却说在工具书上就能查到的，我为什么要记住。占据他头脑的是如何利用这些现成的知识去创意新的学说。

一般情况下，人们遇到重要或疑难的问题时，脑袋里被一些没创意的信息填得满满的，这时大脑机能也变得不太灵活了。

原来我们认为平行线不相交，这是中学生都明白的道理。但是有些数学家却怀疑这不是一条独立的公理。而是由其他公理推论出来的。于是采用"归谬法"来论证,先假定平行线是相交的,看这个"错误"的命题会引出什么荒谬的结论。不料以此推论,产生出一个崭新的几何系统——非欧几何,并在近代数学中发挥了重要的作用。所以,我们不要迷信已有的知识,某些特殊情况下,要敢于标新立异,这样才能有所成就。法国科学家贝尔纳说过:"构成我们学习的最大阻碍是已知的东西,而不是未知的东西。"说明我们已有的知识会阻碍我们解决问题做出新的创意。当然,这不是知识本身的错处,而是我们应该对已有的知识进行重新认识,要有清醒的估计,使自己能够摆脱这些不利因素的约束,找到问题的关键。

知识并不能使我们无所不能。没有思维做向导,无异于盲人摸象,就很难了解事情的真相。一般情况下,所受的正规教育越多,一个人的专业知识也就越丰富;但同时,他的思维受到束缚的可能性也就越大。"纸上得来终觉浅,绝知此事要躬行"说的就是不要被书本上的知识所迷惑。

书本是一种理论化系统化的知识,是人类智慧和经验的结晶。有了书本,我们可以吸取前人总结出来的知识和经验,作为我们行为的指导,而不必一切事情都重新探索。书本知识带给我们很多的好处,难怪人们常说"知识就是力量"。

但是凡事无绝对,有利必有弊。书本知识也不例外。书本知识是通过人们头脑加工形成的理论化的东西,所以它和客观事实会有一定差距。虽然你有丰富的理论知识,但如果不把它运用到实践中来,那所谓的知识是没有实际意义的。成语中的"纸上谈兵"说的就是这个道理。

战国时期,赵国的名将赵奢之子赵括从小就熟读兵书,对于用兵之道无所不知。后来秦国进攻赵国,在两军对峙数年后,赵王任用赵括为大将,统帅军队,结果遭秦军偷袭,赵军40万军队被围歼,赵括也被乱箭射死。

虽然赵括满腹兵书,他却不懂得将书本知识灵活运用到实践中。结果不仅自己败亡,而且给赵国造成惨重的损失。可见,只是学会了知识并

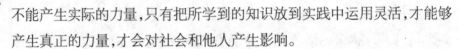

不能产生实际的力量，只有把所学到的知识放到实践中运用灵活，才能够产生真正的力量，才会对社会和他人产生影响。

直到目前为止，读书仍然是我们获得知识的重要手段，但是我们决不能因此禁锢在书本知识里。否则，还不如不读书，正如古人所说："尽信书则不如无书。"而且，我们在学习书本知识的时候，应该不拘泥于书本，因为书中所传授的理论和知识，是书本作者以自身的经验对事物所作的系统化抽象化的描述。是一种范本，我们应该从书中得到启发，进而把书本知识与自己的实践联系起来，从而做到融会贯通、举一反三，并且要学会从多个不同的角度来思考书中的理论知识，把不同书本中的理论加以比较。这样我们才不会局限于某本书中所特有的知识和理论。

摆脱书本的束缚不仅意味着在学习书本知识的过程中要做到不"尽信书'，还表现在要善于从自己的专业知识的领域里走出来。由于人的精力毕竟有限，所以，不同专业的划分使得个人可以在自己的专业领域里进行更为深入的研究。但是**专业知识也会使人们局限于所擅长的领域，放不开视野，打不开思路，从而束缚了创意意识的发挥。**

19 世纪中叶，法国因为出现蚕瘟，从而使一度繁荣的养蚕业陷入了危机。这场蚕瘟延续了很长的时间，使得法国的养蚕业几乎毁灭。为此，法国政府先后请了许多昆虫学家来商讨解决蚕瘟的办法。其中也包括有名的昆虫学家法布尔。昆虫学家根据自身积累的知识和经验，提出了很多控制蚕瘟的办法，但是结果都没有奏效。后来，法国政府又请来了化学家巴斯得来寻求解决问题的办法。巴斯得虽然是化学家，不懂昆虫学的专业知识，但他通过反复细心的观察，认为蚕瘟很可能与蚕身上的小斑点有关，于是他又进行了更为深入的研究与实验，并确定蚕身上的斑点是一种传染性的细菌，蚕瘟正是由于这种传染性细菌引起的。在此基础上，他研究出了消灭此种细菌的措施，于是，蚕农们按照巴斯得的措施，经过 6 年的努力，终于控制了蚕瘟。使法国的养蚕业摆脱了危机。

可见，虽然巴斯得是化学家，对昆虫学领域的知识一窍不通，但是他却解决了很多昆虫学家都束手无策的有关昆虫学的难题。相比之下，法布尔作为有名的昆虫学家，有着丰富的昆虫学知识与经验，但由于他没有能走出专业知识的框框，遇到新问题时，仍然用习惯的老办法，从熟悉的角度去考虑问题，结果被自己的专业知识所束缚，想不出创意性的办法。难怪事后法布尔说："看来，开始时对某个问题一无所知，是解决这个问题的理想起点。"

世界中的各种事物都是纷繁复杂的，各有其不同的属性，会不停地发生变化。

心灵悄悄话
XIN LING QIAO QIAO HUA

我们如果一直用相对固定的书本知识来进行套用，是无法解决层出不穷的新情况新问题的。所以我们在对待书本知识时，应从实用的角度出发，既要做到知识的融会贯通。又要将书本知识活学活用。

第二篇 打开创意的窗

不盲目崇拜权威

打破权威神话的关键是打破知识的神话和年龄的神话。

所谓知识权威，是高高在上的知识掌握者。在学生心目中，教师、书本、专家都是权威，是知识的化身，因而学生对他们充满了崇拜与信赖。其实，权威的知识未必代表真理。

《小学自然学习辅导》《十万个为什么》上说，蜜蜂没有发音器官，它们在飞行时不断高速扇动翅膀。使空气振动，才产生嗡嗡声音。监利县黄歇中心小学的聂利同学却大胆挑战这一权威论断。她通过40多次的观察试验，得到的结论是：蜜蜂不靠翅膀振动也能发音。她撰写的论文《蜜蜂不是靠翅膀振动发音》荣获第18届全国青少年科技创意大赛银奖和高士其科普奖。她的惊人发现挑战了权威论断。这样不迷信权威的独立思维的品格十分难得。

著名物理学家、诺贝尔奖获得者杨振宁在清华大学讲，中国青年人的胆子要大一些。拿专家们的话来讲，现在不少孩子的思维受惯性影响，顺着成人模式来想事情，很少从相反方向考虑，这不利于从小培养孩子敢想、不唯上、不唯书的品质。可贵的是，聂利同学大胆怀疑、科学认真地求证，最后得出了结论。虽还未最后确认这个结论究竟怎么样，但小学生能发现这个问题，这本身是个了不起的事情。

从幼儿时期咿呀学语到今天，我们阅读过的书籍应该是不计其数了，书本、老师、专家在我们心中到底应该是什么样的地位呢？首先，值得肯定的是，书本、老师、专家为我们提供了一种系统化、理论化的知识，其中有千百年来人类经验和体悟的结晶。但是，在创意的天空里，又常常是由于对书本、教师、专家的崇拜，反而阻碍了我们探索的脚步。只有敢于突破权威障碍，打破权威神话，我们才会产生更多的创意。

正确的知识和观念可能会成为权威，但权威未必正确。我们在一定程度上应该对老师、书本、专家等权威持有批判态度。不能盲目地崇拜他们。在某些时候，突破权威的束缚，就可能会有重大的发明创造产生，为人类社会增添物质文明和精神文明成果。敢于对权威提出疑问才是年轻人必须具备的、难能可贵的精神气质。

打破权威神话的另一个含义是打破年龄的神话。许多人不敢挑战权威是认为自己年少、见识少，怎么可能向见识多的人挑战，年长的人当然见识多，可是，见识多的人往往又比较保守和麻木，恰恰需要年轻人的冲劲和敏感。**年轻人是未来的希望。**

纵观世界科技发展史，人类科技的许多重大突破都产生于科学家的青年时期。爱因斯坦 26 岁提出狭义相对论，爱迪生 29 岁发明留声机，哥白尼 38 岁提出日心说。人类的伟大思想家和政治家也大都是在年轻时励精图治，创立学说和事业的。马克思和恩格斯发表《共产党宣言》时分别是 30 岁和 28 岁，毛泽东诵出"自信人生二百年，会当水击三千里"的诗句时，也只有 20 岁左右。青年时期是最富有创意精神的黄金时期。有学者对 1500 年 ~1960 年全世界 1249 名杰出自然科学家和 1928 项重大科学成果进行统计分析，发现自然科学发明的最佳年龄区是 25 岁 ~45 岁，峰值为 37 岁。**正是年轻时候敢于质疑、敢于挑战的精神，才使人们获得了最后的成功。**

影响人们思维发展的另一个问题是过分信赖权威。人们对专家权威作出的判断与方法深信不疑，往往作为全部真理而接受下来。事实上，即便是某个领域的泰斗，他们也难免在判断上有失误。如爱迪生曾写过几篇研究非议交流电的论文，他断言交流电太危险，家庭不适用，直流电是唯一途径。再如，爱因斯坦曾顽固地反对物理学的某些新理论，如量子力学与海森堡测不准理论，尽管这些理论是根据爱因斯坦的发现推导出来的。

充分使大脑开动起来，不仅限于科学、政治和哲学等领域，而且也广泛适用于我们的日常生活。有这样一位学生，有一次他在餐馆吃到糖醋鲫鱼，竟然不知道那是什么。原来在他的印象里，鱼从来都应该是清蒸的，因为他的爸爸告诉他，鱼就是应该这样做的。因此他从来没有试过别的方法，因为他爸爸的话对他来说就是权威。

虽然崇拜权威有助于我们更好地学习他人的智慧经验，扩大思维视野，克服固执己见和盲目自信，修正自己的思维方式。但是如果我们过于崇拜权威，完全相信报刊书籍和专家的东西，不去批判地怀疑他们，害怕被孤立，拘泥于"真理"，这只能阻碍思维的通道，影响问题的迅速解决。

人们对权威往往有一种天然的敬重、信赖感。**一般来说，威望越高、权威越大的人，人们越容易遵从他，因而在决策中常常围着权威者的意见转。**当然，怕负责任，怕担风险，也是一个重要原因。而那些杰出的创意者在面临严重困难时，他们常常会凭借自信心与自强心，释放出巨大的人格力量，想尽办法，战胜困难，直到取得成功。否则，创意活动则会功败垂成。

心灵悄悄话
XIN LING QIAO QIAO HUA

真理并非始终在多数人手中，往往少数人的意见恰恰是真知灼见。有了敢于质疑的精神，才能走出权威的篱笆，激发创意意识，才能有助于作出具有独创性的决策。

树立自信，克服从众心理

所谓的从众就是跟从大伙，随大流。在从众心理的指导下，我们往往是别人怎么考虑，我就怎样考虑，别人怎么说我就怎么说，别人怎么做我就怎么做。

造成这种从众心理的因素很多。首先，这种心理和社会的整体环境有一定的关系。**有人说，一个社会的传统色彩越浓，其中个人从众心理就越重**。的确，传统色彩浓厚的社会，统治阶级总会运用各种手段，强化民众的从众意识，以禁锢人们的思想，避免不利于其统治的"异端邪说"，从而保证社会的稳定和政权的巩固。

其次，人们之所以选择从众，还考虑到安全问题，即如果提出与众不同的观点很可能会招致"枪打出头鸟"的后果。所以按照大家公认的态度和方法来处理问题，是一种比较保险的处事方法。跟随众人，如果这件事处理得很好，自然有你的功劳；如果处理得不理想，你也不会一个人承担责任。

正是为了避免于己不利的事情发生，所以礼会上很多人的行为都是在随大溜的心理作用下做出的，很少或根本没有经过自己的深入思考。

最后，在众口一词的情况下，许多人往往已经失去了评判的标准，迷失了自己本来要坚持的与众不同的观点。其实，对于世界上的任何事情。我们每个人都有它自己的评判尺度和标准，因为每个人看待问题的角度不同。思考问题的方式也不尽相同，加上个人的自身情况各有差异，最后对于某件事情得出不同的看法和结论也是理所当然的。但是在从众心理的作用下，大家对待某事实众口一词，久而久之，大家的这种观点就被认为是正确的。于是,本来要表明自己不同的观点的人也对自己的观点产生了很大的怀疑,毕竟是"众口铄金"啊。所以也就不再表明自己的看法,也加入了大家的行列。

用一个很简单的例子来说,大家都认为人习惯使用右手是正常的,那天生就习惯使用左手的人,即左撇子,就被人视为不正常了,所以如果谁家的孩子是左撇子,家长就会从孩子小时候起,要求他改掉这个"毛病",改成所谓的"正常的"使用右手的习惯性动作,殊不知,习惯使用左手,可能正表明了孩子在右脑方面具体某种天赋。

这种从众的思维方式有利于解决常见的问题,保持群体的稳定性,有利于大家的一致行动。但是,凡事只是随大溜,自己不独立进行思考,不利于思考者形成创意观点。一般来说,从众心理比较强的人,他的创意思维能力就会较弱,而那些不善于随大溜的人,往往创意思维能力都比较强。这里所说的后者,他们通常不会按照大家公认的标准来发表自己的观点。他总是要提出自己的与众不同的意见。因为在他的意识中,大家都认为是正确的往往很可能就是不正确的。

其实,实践中的很多实例都证明了那些敢于标新立异提出新观点的人,虽然曾经遭到了很多人的激烈反对,但最后这些新观点都被证明了是正确的,并且得到了社会的普遍接受。比如,实验科学先驱者罗吉·培根早在 13 世纪就提出,彩虹是由于太阳光照着雨水反映在天空中而形成的。这种观点和当时大家普遍接受的观点,即天上的彩虹是上帝的指头在天空划过的痕迹。是格格不入的。他的不从众的观点使他被关了 15 年的黑牢。波兰著名的天文学家哥白尼在当时"地心说"占统治地位的年代,发表了《天体运行论》,提出了与传统不同的"日心说",主张地球围绕太阳转动。这种学说从一开始就遭到了人们普遍反对,被认为是"异端邪说"因为它和当时人们已经普遍接受的"地心说"相反。在"神创论"占统治地位的中世纪,人们普遍接受了《圣经》中关于上帝造人的理论,达尔文经过 20 多年的艰苦研究,于 1859 年出版了名著《物种起源》,顿时在社会上掀起了轩然大波。他的理论也被人称为"牲畜哲学""粗野的哲学"。

人们之所以会对这种不从众的观点如此激烈反对。是由于社会上的**大多数人在从众心理的作用下,已经形成了相对固定的思维模式,他们自己不能摆脱思维框架的束缚**。就只能强烈地反对抵制这种不从众的观点。人类历史上的每一次的新观念的提出都会面对这种被众人拒绝的情况。经过一段很长的时间。这种由少数不从众的人提出的观点才得到社会的酱遍承认,最后成为大家都接受的真理。

当我们面对新情况、新问题,需要我们进行创意思考的时候,就要从从众的圈子里走出来,不要被多数人的所谓正确的观点所影响,拓宽视角,开阔思路,进行自己的有创意的思考。

挑战权威的前提是自信。自信是发自内心的自我肯定与相信。当我们的意见和权威的看法相悖的时候,如果确认自己是对的,是选择服从权威还是坚持自己的主见呢? 古今中外的历史表明,只有那些能够坚持自己主见的人,才能够不屈不挠,最后走向成功。

有一次,俄国著名戏剧家斯坦尼夫斯基在排演一出话剧的时候,女主角突然因故不能演出了,斯坦尼斯拉夫斯基实在找不到人,只好叫他的大姐担任这个角色。他的大姐以前只是一个服装道具管理员,现在突然出演主角,便产生了自卑胆怯的心理,演得极差,引起了斯坦尼斯拉夫斯基的烦躁和不满。

一次,他突然停下排练,说:"这场戏是全剧的关键,如果女主角仍然演得这样差劲儿,整个戏就不能再往下排了!"这时全场寂然,他的大姐久久没有说话。突然,她抬起头来说:"排练!"一扫以前的自卑、羞怯和拘谨,演得非常自信,非常真实。斯坦尼斯拉夫斯基高兴地说:"我们又拥有了一位新的表演艺术家。"

可见,只有对自己充满自信,才能真正获得成功。

我国著名的妇产科专家林巧稚读书时受到男同学的歧视。一次期末考试,男同学冲着她趾高气扬地说:"你们女同学能考及格就不简单了!"林巧稚毫不示弱地答道:"女同学怎么样? 你们得 100 分,我们也要得

100分！"在自信心的鞭策下，她刻苦攻读，那次考试果然得了第一名，用自己的自信和努力得到了其他人的尊重。

面对来自其他人的质疑，人们往往容易被因为不自信而放弃自己的观点，从而丧失努力争取他人认可信心。而斯坦尼斯拉夫斯基的大姐与妇产科专家林巧稚坚持自信，面对其他人的质疑和不屑，敢于正视，最终通过努力博得了人们的肯定。我们也应该向她们学习，无论在任何时候，都应坚持自信，这样才会不断进步。有所创造。

自信就要树立于敢于挑战困难的勇气和在困境中进行积极的自我激励。

心灵悄悄话
XIN LING QIAO QIAO HUA

实践中的经验也表明，在一个从众心理较普遍的环境里，那些敢于提出自己与众不同的见解的人，往往会被人认为不合群、爱表现自己，从而影响了人际关系的融洽。

别让麻木腐蚀了你的创意

走出封闭式思维

在一个房间里从天花板上垂下两根绳子，要求你把它们系起来，但是两根绳子离得很远，你无法同时抓住它们。房间里还有一把椅子、一把雨伞、一把钳子。你如何解决这个问题呢？

站在椅子上能同时抓住两根绳子吗？不行。用雨伞作为工具，能够得着吗？也不行。怎么办呢？这时候，就要对各种事物都作一下功能变通。钳子除了能拧东两，还能干什么？可以把它作为一个重物，系在一根绳子的末端，把绳子做成一个"钟摆"，并让它摆起来，然后抓住另一根绳子，等"钟摆"荡到附近时抓住它，问题就解决了。

通过上面的测试，可以看出你的思路是否开阔，你是否还存在思维上的"死角"。如果按照常规性的思维，很难找到正确的解决办法，那么就变换一下角度。以开放性的思维，让你的思维活跃起来，跳出思维本身的局限性，多角度、全方位地来思考，问题可能会迎刃而解。

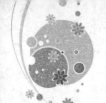
克服思维的惰性

人一生下来,便会遇到一个生活方式的问题,包括应该怎样吃饭,怎样穿衣,怎样干活,怎样相处,等等。解决这些问题可以帮助人们比较容易地学会生活。但同时这也给人们一种错觉,好像人本来就该如此按部就班地生活,将来也应该是如此生活的,而且还往往会以为任何地方的人也如我们一样如此生活。

马戏团的演出场地突然失火,结果并没有造成人员伤亡,但令马戏团老板伤心和不解的是:马戏团里最有名的大象被活活烧死了。

"拴住大象的仅仅是一条细铁链和一根小木桩啊!大象怎么可能被活活烧死呢?"老板非常不解。

原来,平时在没有表演节目时,大象的右后腿被一根细铁链拴在一根插在地上的小木桩上。每当大象企图挣扎时,被铁链拴住的脚就会被磨得疼痛、流血,经过无数次的尝试,大象始终没有成功挣脱脚上的铁链。

于是它的脑海中形成了一种惰性思维:那条绑在脚上的铁链是永远无法挣脱的。对我们每个人来说,我们的思维深处也存在着这样的保守力量——惰性思维。

惰性思维让人总是习惯用老眼光来看新问题,总是试图用曾经被反复证明有效的旧概念去解释变化世界中的新现象。假如我们拒绝尝试、不敢冒险、按部就班、因循守旧,那么大好的时机和自身无限的潜能只能被白白地葬送,挫折和失败的悲剧不可避免。

具有这种意识的人就会在生活中表现出典型的惰性心理。人们惯于利用经验思维、经常随大溜、迷信权威等都是惰性思维的种种表现。不仅如此,当一种新事物、新理论刚出世时,总会受到各个方面的挑剔和反对,许多新发现往往这样被扼杀在摇篮之中,可许多已经流行的观点,即使有弊病,却很难纠正。具有惰性思维的人有以下特点:懒于思考,不思钻研;谨慎怕事,妄自尊大;囿于定势,没有创见;知识陈旧,视野狭窄;想象枯竭,目光短浅;唯书唯上,行为从众。

归纳起来,形成思维惰性的心理因素有以下几方面:

(一)看问题片面

人对客观世界的认识是一个充满矛盾的复杂过程,它不是直线式地进行的,而是近似于螺旋的曲线式进行的。在认识问题时,不思进取,懒于思维,不是站在全局看问题,这只会导致对事物只知其一,不知其二;一叶障目,不见泰山。要改变这种状态,我们就应即看到它的正面,又看到它的反面;即想到它的现在,又能预测到它的未来。

(二)因循守旧

人类的思维除了有能动性与创意的一面外,义有落后于实践而墨守成规的一面。就连一些著名科学家也常常要受因循守旧的思想的影响。如晚年的牛顿没有提出新的理论和学说,而是潜心研究起《圣经》来,借希望从《圣经》中找到出路,最终使牛顿在晚年时毫无建树。

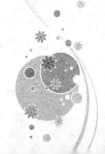

（三）满足于现状

如果你仅仅满足于事务的目前现状，那你就肯定不会有创意的激情。安于现状，陷于保守，满足现有水平对现有的产品设计、制造方法、工装设备、质量标准以及现有的组织机构、管理规章、销售方式等，只是跟过去比，不向前看，不横向比，不放眼未来，盲目自大，最后只能使个人或企业的发展步入死胡同。

发明家在其他方面可能类同常人，但有一点例外，即他们总是对新生事物有强烈的好奇心和进取心。即使他们在系鞋带时，也会考虑如何使用鞋扣、按扣、松紧带、磁扣等解决鞋的束紧问题；当他们外出返回至办公室听到"有信函"时，他们就会希望能有一些新方法使他们不在办公室期间也能收到重要信息。这样他们就构思起寻呼机来；当他们烹调晚餐时，他们希望能有一些方法能避免擦伤锅体，这样他们就构思起不粘锅来……思维的惰性很容易让人过起吃老本、高枕无忧的日子，而不去想更上一层楼，结果不知不觉中被后来者代替。很多红极一时的个人或企业就是因此从高峰跌落下来的。所以，不要仅满足于一两个好主意就为止，更不要满足于现状，而是让思维活起来，能动起来，才能产生新的思路，进入更高的境界。

我们要克服这一思维的惰性，首先必须冲破习惯意识的束缚，更新旧有的观念和思维方式，运用立体的眼光，从全局的角度，用新方法改进事物的形态、特性和功能等，以便取得问题的解决。这就要求我们要敢于异想天开，标新立异。当然，在实际工作中，我们这里说的异想天开和标新立异，是与日常生活和工作密切相关的，是理性的和务实的。

由于事物多种多样的特性、用途和功能，我们要学会从各个不同角度和侧面，使用各种不同的方法和工具，运用各类不同的科学知识，逐一研究问题或考察现成的事物,以便制订适当的方法和措施,尽量减少缺点与失误,而求得更大效益。

还要打破对思维的理解上存在的一些误区。具有惰性思维的人往往认为思维能力是天生的,后天训练没有用。这样的想法是不对的,人人都有思维的潜力,只是程度不同而已。可能有的人思维活跃一些,有的人思维迟钝一些,但只要经过有针对性的训练,人人都会有出色的思维能力。

心灵悄悄话
XIN LING QIAO QIAO HUA

可以这样说:"积极的思维可贵又可畏。"积极的思维使你走向成功,消极惰性的思维将使你误入歧途。当你意识到思维的消极作用,并能发挥出创意思维时,走向成功的希望就大大增加了。

第二篇 打开创意的窗

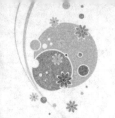

丢掉偏见，激活创意思维

（一）利益偏见

利益偏见是由于利益关系而导致人们产生的一种无意识偏斜，即对公正的微妙偏离。

利益偏见在普通人身上并不鲜见，马克思所说的"鸡眼思维"就是一个常见的例子："愚蠢庸俗、斤斤计较、贪图私利的人总是看到自以为吃亏的事情。譬如，一个毫无修养的粗人常常只是因为一个过路人踩了他的鸡眼，就把这个人看作世界上最可恶和最卑鄙的坏蛋。他把自己的鸡眼当作评价人们行为的标准。"

"王婆卖瓜，自卖自夸"其实也是一种典型的利益偏见思维模式。

在生活中人们的话语表述背后也同样充满了利益偏见。比如，大多数的恋人都认为自己找到了世上最好的人，大多数孩子也都会得出结论说自己的父母是世界上最好的父母。

（二）位置偏见

下面是一段小海浪与大海浪的对话。

小海浪：我常听人说起海，可是海是什么？它在哪里？

大海浪：你周围就是海啊。

小海浪：可是我看不到啊？

大海浪：海在你里面，也在你外面；你生于海，终归于海；海包围着你，就像你自己的身体。

其实，每个人都生活在一定的社会坐标体系中，各种思想无不打上各自鲜明的烙印。正如宋末词人蒋捷的词中所说："少年听雨歌楼上，红烛昏罗帐。壮年听雨客舟中，江阔云低断雁叫西风。而今听雨僧庐下，鬓已星星也。悲欢离合总无情，一任阶前点滴到天明。"

黑格尔也曾说："同一句格言，出自青年人之口与出自老年人是不同的，对一个老年人来说，也许是他一辈子辛酸经验的总结。"站在什么样的年龄位置就会有什么样的感情，站在什么样的社会位置，就会得出什么样的认知结论。

在企业管理中，一些老板总抱怨员工出工不出力、磨洋工，而员工则总是抱怨老板发的钱太少、心太黑。这其实就是各自所处的位置不同，思考问题的出发点不同，才导致了双方无法弥合的思维差异。

（三）文化偏见

曾任美国人类协会主席的华裔人类学家许娘光在《美国人与中国

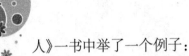

人》一书中举了一个例子：

"在一部中国电影中，一对青年夫妇发生了争吵，妻子提着衣箱怒冲冲地跑出公寓。这时，镜头中出现了住在楼下的婆婆，她出来安慰儿子：'你不会孤独的，孩子，有我在这儿呢。'中国观众很少会因此发笑，而美国观众却爆发出一阵哄笑。"

这两种截然不同的反应所透出的文化差异是异常明显的。在美国人的观念中，任何感情都无法代替因婚姻带来的两性关系，而中国观众却能恰当地理解母亲所说的含义。

我们所有的人都受到自己所在地域、国家、民族长期积淀的文化的影响，看待问题的角度不可避免地打上文化、宗教、习俗的烙印。

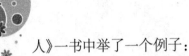

58

（五）固执

在一个池塘边生活着两只青蛙，一绿一黄。绿青蛙经常到稻田里觅食害虫，黄青蛙却经常悠闲地躲在路边的草丛中闭目养神。

有一天黄青蛙正在草丛中睡大觉，突然听到有声音叫："老弟，老弟。"它懒洋洋地睁开眼睛，发现是田里的绿青蛙。

"你在这里太危险了，搬来跟我住吧！"田里的绿青蛙关切地说，"到田里来，每天都可以吃到昆虫，不但可以填饱肚子，而且还能为庄稼除害，况且也不会有什么危险。"

路边的黄青蛙不耐烦地说："我已经习惯了，干吗要费神地搬到田里去？我懒得动！况且，路边一样也有昆虫吃。"

田里的绿青蛙无可奈何地走了。

几天后，它又去探望路边的伙伴，发现路边的黄青蛙已被车子轧死了，暴尸在马路上。

很多灾难与不测都是因为我们固执己见而不听从别人的意见造

成的。

固执就是思维的僵化和教条。换位思考要求我们学会从各个不同的角度全面研究问题,抛开无谓的固执,冷静地用开放的心胸作出正确的抉择。是否这样做往往决定你能否走向成功。

心灵悄悄话
XIN LING QIAO QIAO HUA

应该说,安于现状,固执己见,是造成人生劣势的主要原因之一,而勇于突破自我的思维习惯,不让自己停留在熟悉而危险的现状中,让自我更健全,更有应对力。才能真正拯救自己,完成人生的大业。

第二篇 打开创意的窗

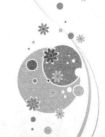

塑造你的创意思维

有强烈的创新意愿

创造和幸福是什么关系？创造是力量、自由及幸福的源泉。英国著名哲学家罗素把创造看作"快乐的生活"，是"一种根本的快乐"。苏联教育家苏霍姆林斯基认为，创造是生活的最大乐趣，幸福寓于创造之中，他在《给儿子的信》中写道："什么是生活的最大乐趣？我认为，这种乐趣寓于与艺术相似的创造性劳动之中，寓于高超的技艺之中。**如果一个人热爱自己所从事的劳动，他一定会竭尽全力使其劳动过程和劳动成果充满美好的东西，生活的伟大、幸福就寓于这种劳动之中。**"这些论述深刻地揭示了创造和幸福的内在联系，说明创造是获得新的幸福的源泉。

为什么说创造是人类获得新的幸福的源泉和动力？我们知道。幸福是人们在进行物质生产和精神生产的实践中。由于感受到所追求目标的实现而得到的精神上的满足。然而怎样才能满足人们物质生活和精神生活的需要？要靠劳动、靠工作，靠为事业奋斗。而人们需要的内容是不断发展的，需要的层次是不断提高的，旧的需要满足了，又会产生新的需要；低层次的需要满足了，又会产生高层次的需要。

要满足人们不断提高的需要，实现人们对幸福的新追求，就要靠创造，创造新的物质财富和精神财富。所以，要深入理解创造和幸福的关系,就必须探讨研究人的需要问题。

美国的现代人文主义心理学家马斯洛把人的需求从低级到高级排列为五个层次:生理需求、安全需求、情感和归属的需求、尊重的需求和自我实现的需求。他把自我实现的需求看作人的最高层次的需求。他认为,人都有发展或成长的趋势,成为探索真理的、有创造力的、有美好愿望的人。对于这种自我实现的需求来说,人的其他一切需求都可以看作达到这个终极目的的手段。

马斯洛所说的人的自我实现的需求类似于人的自我发展的需求。发展人的生命力,进行创造性实践活动是人的本质力量的实现,因而也是人通过对象化活动实现自我的表现。例如,作家勤于写作,画家乐于绘画,科学家潜心研究,技术工人努力攻克技术难关,他们专心致志地从事自己的工作,在精神上感受到极大的幸福。而有些人没有崇高的目标和远大的理想,他们就会感到精神空虚,使自己的青春年华虚度。人以其需要的无限性和广泛性区别于其他一切动物。动物受到自然和机体的限制,因而其需要是狭隘的、有限的。

人因其创造性的实践活动,创造了丰富多彩的需要,就其发展趋势来说是广阔的。随着生产力的发展,人的物质需要的实现将越来越有保证,其结构将趋向丰富化、优质化;人的精神需要将会变得越来越强烈,趋向于大量化、高雅化。

总之,在创造性的实践活动过程中,人的需要不断发展,并不断产生新的需要;而人需要的不断发展和新需要的不断产生又推动着人的创造性实践活动水平的不断提高;人的创造性实践活动水平的不断提高,将会满足不断发展的需要和新产生的需要,从而把人类的物质生活和精神生活不断推向幸福的新境界。

自我实现创意意识

我们要强调创意力,就要改变观念,要承认并重视广泛的创意力。因为创意力不是某些"天才"人物和专业人员的特权与专利,而是人人都具有的一种潜在能力。

任何一个成功的作家、音乐家或发明家,他们的劳动当然是开发了自身的创意的潜能。而一个没上过学、出身贫寒、没从事过什么专业工作的纯粹家庭主妇呢?未必没有创意力。她有可能花很少的钱把一家人的日常生活安排料理得相当不错;她可能是个奇妙的厨师,做的饭菜十分美味可口;她可能在处理家务、布置家庭环境方面有许多独到、新颖、精巧之处,这些不就是创意的表现吗?任何事情都可以做得具有创意。创意的潜能几乎人人都有,但所有的角色和工作,都可以是有创意的,也可能是没有创意的。

一位心理治疗医生,他从未写过著作。也从未创意出任何新的理论,但他乐于帮助别人去改善他们的生活。他把每一个患者都看成世界上独一无二的人。他没有多少高深的理论和先入为主的框框,他却具有孩子般的天真和杰出的智慧,他能以灵活新颖的方式理解和解决面临的问题,甚至在非常困难的病例上,他都获得了成功。这就证实了他的工作是有创意的。

自我实现的创意力本来是人人都有的一种潜能,但主要是心态积极、热爱生活的人才会在他们的生活和工作中显露出来。它通常表现为一种特殊的洞察力,他们往往能发现新颖的、未加工的、具体的、有个性的东西,正如有些人习惯于注意一般的、抽象的、已经定型成规的东西一样。前者经常生活在真实的自然的世界中,而不像后者总是生活在抽象、概念、期望、信仰和刻板的世界中。我们常常分不清这两个不同世界,把它们混淆起来,还以为有的人有创意力,而另一些人似乎天生就没有创意力。

创意的潜能是人人固有的基本特性,由于许多人总是消极地适应社会环境,墨守成规,这就不知不觉地抑制、埋没以致丧失了自己的创意潜能。而另一些人则相反,倾向于求变创新。所以说自我实现创意主要在于心态和人格的积极向上,而不是其成就的大小。有些人之所以缺乏创意力,是由于心态消极而把自己的潜能给埋没了。

有些人觉得自己不够聪明,常常为自己的脑子是否够使而感到怀疑。其实,这个担心是多余的,大脑接受、储存和综合各种信息的潜能是极其巨大的。

人的大脑可以看作电脑,因为电脑和人脑一样,能够吸收、储存和运行大量的信息,但人脑的功能却比现在任何最先进的电脑强大得多。美国加利福尼亚的大脑智力研究所的一些专家认为,人的大脑功能实际上是无限的。那么是什么因素阻碍着我们充分利用大脑如此巨大的潜能呢?关键就是我们还没有学会给自己编排解决一系列问题的程序,也就是我们迫切需要发展积极的心理态度。如果我们把大脑的构造比作电脑,那么心态和意识就是输入的程序。

精神力量对创意成功是至关重要的。人们在选择控制自己的情感和与人交流思想感情方面也有巨大的潜能可以开发利用。人的言谈举止、交际水平和心律、血压、消化器官运动以及脑电波都可以受到精神力量的控制和影响。比如有的人不幸患了不治之症,身离黄泉路不远,但一旦心态积极和精神振作,决心与病魔斗争,该干什么就专心致志干什么,最后竟能创意出奇迹。正因为这类事例世界各国都有,并有案可查,所以科学家们才会预言:终有一天,我们会发现人体有能力使自身再生。这不是指医学手段的新发展,在人体内更换各种零件,而是指精神力量的巨大作用。

"生命在于运动"。这是众所周知的至理名言。然而现代科学研究的新发展认为"生命在于脑运动",因为人的机体衰老首先是从大脑开

始的。

研究表明,每个人长到 10 岁以后,每 10 年大约有 10% 控制高级思维的神经细胞萎缩、死亡。信息的传递速度也随年龄的增长而逐渐减慢。但这不要紧,如果坚持脑运动和脑营养的供应,则每天又都有新的细胞产生,而且新生的细胞比死亡的细胞还要多。

日本科学家曾经对 200 名 20~80 岁的健康人进行跟踪调查。他们发现经常用脑的人到 60 岁时,思维能力仍然像 30 岁那样敏捷,而那些 30~40 岁不愿动脑的人,脑力便加速退化。

美国科学家做了另一项实验,把 73 位平均年龄在 81 岁以上的老人分成 3 组:自觉勤于思考组、思维迟钝组、受人监督组。初级结果是:自觉勤于思考组的血压、记忆力和寿命都达到最佳指标。3 年以后,勤于思考组的老人都还健在;思维迟钝组死亡 12.5%;而受人监督组有 37.5% 的人已经死亡。

由此可见。**勤于思考、追求事业是人们健康长寿的奥秘所在。**这一点有许多事实可以说明,如:英国剧作家、社会活动家萧伯纳享年 94 岁,晚年仍有剧作问世;伟大的发明家爱迪生坚持用脑到 84 岁,发明成果 1100 多项;法国的一位女钢琴家 104 岁还能登台演奏;著名黑人作家杜波依斯 87 岁写作《黑色的火焰》,轰动世界;我国著名学者马寅初一生坎坷,由于勤于用脑活到 100 岁;我国现代气象学的开创者竺可桢,上中学时身体虚弱,还患过肺病,有人断言他活不到 20 岁,但他一直坚持奋斗,活到 84 岁,贡献卓著。

一个人只有相信并开发自己的巨大潜能,才会具有超群的智慧和强大的精神力量。只有这样,才会获得成功。在这个世界上,我们要学会不要依靠别人,因为一个总是靠别人扶持的人是不可能获得成功的。你唯一可以依靠的就是你自己。

自信意识、成功心理就是要我们靠自己!就像天上不会掉馅饼一样,也不会有人端着大盘子把幸运和成功送给我们任何一个人。如果人生交给我们一道难题要求解答,那么它也会同时交给我们解决这道难题的智慧和能力。但这种智慧和能力总是潜藏在我们的生命里，只有当我们自信地去奋斗，自己救自己，它们才会聚集起来，发挥作用。即便你自身条件多么不好，身世多么不幸，但只要你有积极的心理态度，你就能成为一个成功者和有用的人，你就能交上好运！

心灵悄悄话
XIN LING QIAO QIAO HUA

关于创意力，我们以往的理解十分狭隘，就是只注意那些著名的科学家、发明家、文学家和艺术家是具有非凡的创意力的，所谓"天才的创意力"。

65

第二篇　打开创意的窗

第三篇　激发创意的潜能

　　创意思维是人类特有的高级思维活动，是成为各种出类拔萃人才必须具备的条件。即使遗失了与生俱来的创意思维，我们也可以通过运用心理学上的自我调节，有意识地在各个方面认真思考和勤奋练习，重新将创新思维找回来。卓别林说过："和拉提琴或弹钢琴相似，思考也是需要每天练习的。"

　　成功人士的成功在于他们积累了一定的知识与经验以后，再将其创意思维通过超常的想象力而迸发出来，形成一种发明或者创意，而这种发明或者创意又极大限度地满足了许多人在物质上的或精神上的需求，于是，他们成功了。

培养和开发创意思维

创意思维是一种具有开创意义的思维活动。对此可以从狭义和广义两个方面去把握。狭义的创意思维,是指在探明未知的认识过程中,能提出新理论、形成新观念、创造新方法的思维活动。它不仅强调思维成果的独创性,而且重视思维成果在社会发展过程中的重大影响。例如,杰出的思想家提出的重大新理论,杰出的政治家提出的重大新观点,杰出的科学家发明的重大新技术,这些对于社会历史发展具有重要的指导意义和巨大推动作用的思维活动就是创意思维。广义的创意思维,是指在思维过程中,没有有效方法可以直接运用,不存在确定规则可以遵循的那些思维活动。也就是说,在实践活动中,凡是想别人所未想、做别人所未做、敢于破旧立新的思维活动,都属创意思维活动,它强调的是能克服常人、前人所克服不了的困难,解决常人、前人所解决不了的问题,在实践活动中有新的见解、新的发现、新的突破。总之,只要不是重复已有的结论,模仿已有的方法,而是在原有的结论和方法的基础上作出了新的独创、新的结论,用新的方法分析和解决了新的问题,都是创意思维。

不仅在科学领域中那些重大的发现和发明过程中需要创意思维,就是在人们日常的政治、经济、生产、教育、艺术等活动中也需要创意思维。因此,创意思维对人们的实践活动具有普遍意义。

创意思维能力要经过长期的知识学习和积累、智能的开发和训练、素质的提高和磨砺。

与常规性思维相比较,创意思维具有自己的特点,主要有:

一是独创性。创意思维的特点在于创意,它在思路的探索上、思维的方式方法上和思维的结论上，都独具卓识，能提出新的创见，作出新的发现，实现新的突破，具有开拓性和独创性。常规性思维是遵循现存常规思维的思路和方法时进行思维，重复前人、常人过去已经进行的思维过程，思维的结论属于现成的知识范围。人生思维所要解决的是实践中不断出现的新情况、新问题。常规性思维所要解决的是实践中经常重复出现的情况和问题。注意观察研究，可以看到我们周围有两种类型的人：一种是不加分析的接受现有的知识和观念，思想僵化、墨守成规、安于现状。这种人既无生活热情，更无创意意识。另一种是思想活跃，不受陈旧的传统观念的束缚，注意观察研究新事物。这种人不满足于现状，常常给自己提出疑难问题，勤于思考，积极探索，敢于创意。我们应该学习后一种人，培养和锻炼创意思维的能力。

二是机动灵活性。创意思维不局限于某种固定的思维模式、程序和方法，它既独立于别人的思维框子，又独立于自己以往的思维框子。它是一种开创性的、灵活多变的思维活动，并伴随有"想象""直觉""灵感"等非规范性的思维活动，因而具有极大的随机性、灵活性，它能做到因人、因时、因事而异。

常规性思维一般是按照一定的固有思路方法进行的思维活动。使人们的思维缺乏灵活性。

三是风险性。创意思维的核心是创意突破，而不是过去的再现重复。它没有成功的经验可借鉴，没有有效的方法可套用，它是在没有前人思维痕迹的路线上去努力探索。因此，创意思维的结果不能保证每次都取得成功，有时可能毫无成效、有时可能得出错误的结论。这就是它的风险。但是，无论它取得什么样的结果，都具有重要的认识论和方法论的意义。因为即使是不成功的结果，它也向人们提供了以后少走弯路的教训。常规性思维虽然看来"稳妥"，但是它的根本缺陷是不能为人们提供新的启示。

在很多情况下，无论是科学家或者是其他成功的人士，他们并不是得天独厚的"天资聪颖"，他们的成功在于他们积累了一定的知识与经验以后,再将其创意思维通过超常的想象力而迸发出来,形成一种发明或者创意,而这种发明或者创意又极大限度地满足了许多人在物质上的或精神上的需求,于是,他们成功了。

其实,超常思维和创意思维在概念上有着一定的差别,超常思维可以给你带来一定的灵感。而创意思维却可以让你在冥冥之中"豁然开朗"。也许超常思维就是创意思维的"前身"吧?没有超常思维,就谈不上创意思维,而创意思维却是在超常思维的基础之上建立起来的一种能够对问题进行全面分析的综合思维形式。

不仅如此,创意思维需要一个人经历一定的训练才能够拥有,它有时候需要一个人对事物的正确理解,需要勇于打破传统思维定式的精神,需要对事物的综合分析能力。

没有人是天生就能够发明和创意的,有的人天生头脑聪明,有的人却不是,因为这是智商的差别,而天生聪明的人不一定是天生的发明家,天生"笨"的人未必不能够成大器。关键在于,你能够认识自己的本质吗?你能够开发自己的潜能吗?

突破传统的思维模式是发挥超常思维的前提条件,但是能够正确地开发自己的潜能,通过自己对事物的多方面理解,然后对事物进行归纳性的总结。在此基础上,你就可以创意新的与众不同的东西。

许多行为科学家在研究成功的企业家的时候几乎同时发现了这样的一个"特殊"现象:几乎大多数企业家并不是天资聪颖,而是他们有另外的一种本能,一种潜在的本能,那就是卡耐基成功学里所提出的情商"。一个智商很高的人,不一定就是"情商"很高的人。企业的运作没有一套固定的模式,这就需要一个人的运作能力,需要一个人对商业市场的特殊敏感力以及把握市场走向的综合的判断力和想象力,而这些能力无形之中就体现了一个人的创意思维形式。因此,许多成功的企业都会有一种属于自己的运作模式,有一套有别于他人的管理方式,这就是因为创意思维的结果。

其实,在很多场合下,通过一个人说话以及对事物的观点和认识。就可以知道其是否具有一定的创意思维。比如说在一个单位，谁也没有胆量拿自己的领导开玩笑，那样的话，你就小心自己的脚了（给你小鞋穿），但是有一位先生却不然，在单位，他敢于大胆的说话，敢于标新立异，在进单位的第一天就在众目睽睽之下称其领导为"大哥"，而被他称为大哥的人年龄却大他一倍还多。不过，这位先生却没有受到"压制"，反而在几年以后，被他的大哥相中为"千里马"受到重用，最后在大哥退休的时候接任其职位，这不能不说是一个"奇迹"。在特殊的场合下，很多时候，由于环境的限制，人们不能大胆说话，不敢提出与别人相反的意见，因为那是"权威"，你如果提出相反的意见，立即会成为"众矢之的"，因此，往往在这个时候，也就会压抑了你灵感的产生，久而久之，也就会把你的许多灵感和创意思维磨灭殆尽，于是你就会随大溜，没有了自己的主张，在关键时候也就不能够展现你的真正本事了，因为你一直只是一味地附庸别人，从没有过自己的独创。超常思维和创意思维也不是意味着一味地对别人的任何论点的反驳，那样的话就是张狂，自以为是，也就显得一个人的自我中心意识太强了。

只有善于观察、善于分析的人，才能够发挥创意力。

心灵悄悄话
XIN LING QIAO QIAO HUA

创意思维是一种需要人们付出艰巨劳动，运用高超能力的思维活动。这是因为，人们要获得一项创意思维的成果，往往要经过长期的观察、艰辛的探索、潜心的研究，并且要经过多次挫折失败的反复过程。

灵感是创意道路上的指明灯

灵感是成功的最基本的原因。爱因斯坦这样说过自己"我还是一个四五岁的小孩,在父亲给我一个罗盘的时候,经历过这种惊奇:这只指南针以如此确定的方式行动,根本不符合那些在无意识的概念世界中能找到位置的事物的本性。我现在还记得,至少我相信我还记得,这种经验给我一个深刻而持久的印象。我想一定有什么东西深深地隐藏在事情的后面。"这里的"惊奇"其实就是爱因斯坦的灵感所在,著名的美学家朱光潜说:"灵感是在潜意识中酝酿而成的情思猛然涌现于意识。"大科学家钱学森也曾多次明确指出:"灵感实际上是潜思维,它无非是潜思维在意识中的表现。"灵感在人的大脑中有相当大的活动区域,灵感区是大脑两个半球之间的狭长地带。**长时间地考虑某个问题,会造成大脑中血液缺氧,让思维变得迟钝。**如果我们停止思考,让大脑休息一下,或者将思考的问题换成另外的一个问题,大脑血液中的含氧量就会增加,思维也会随之变得清醒敏捷,因而容易产生灵感,这就是激发灵感的最佳途径。

灵感的突然来临,就像是一个不速之客,这是它最突出的一个特点;灵感是个非常神秘莫测的东西,包含着许多种因素,但它的作用可以使你在创意道路上发觉奇迹,它的表现形式也是多种多样的;灵感也是人脑对信息加工的产物,是人们认识事物的一种质变和跨越。由于它对信息加工的形式、途径和手段的特殊性,以及思维成果表现形式的特殊性,使它变得更加复杂和扑朔迷离。尽管如此,灵感对于创意发明的神奇作用却是不容被忽视和低估的。

灵感有时会出现在睡眠之中。

格拉茨大学药物学教授洛伊在一天夜里醒来,想到一个极好的设想,他拿过来纸笔简单记了下来,翌晨醒来他知道昨天夜里产生了灵感,但使他惊讶的是,他无论怎样也看不清自己的笔记。他在实验室里整整坐了一天,面对着熟悉的仪器,总是想不出昨天夜里的那个设想,到晚上要睡觉的时候还是一无所获。但是到了夜间,他又一次从睡梦中醒了过来,还是同样的顿悟,他高兴极了,作了细致的记录后,才回去继续睡觉。次日,他走进实验室,以生物学史上少有的利落、简单、肯定的实验方法,证明了神经搏动的化学媒作用,神经冲动的化学传递就这样被发现了,它开启了一个全新的研究领域,并使洛伊获得 1936 年诺贝尔生理学和医学奖。

虽然灵感的产生看似是突然出现的,其实它是有个前提条件的,那就是科学家执着于解决问题的苦苦思索。对要解决的问题,他们已经作了特别充分的准备之后,并强烈地期望着有所突破,由于对这个问题挥之不去、驱之不散,使得大脑建立了许多暂时的联系,一旦受到了某种刺激,就变得豁然开朗——"积之于平日,得之于顷刻"。"众里寻它千百度,蓦然回首,那人却在灯火阑珊处"说的也是同样的道理。

俄国画家列宾曾说:"灵感是对艰苦劳动的奖赏。"凯库勒发现苯环结构,不但应归于炉边的灵感,而且也应归于那之前的长期思索。不进行艰苦的探索而把成功的希望寄托在心血来潮、灵机一动上面,那无异缘木求鱼、守株待兔。19 世纪著名的俄国民主主义者赫尔岑说:"在科学上除了汗流满面,是没有其他获得知识的方法的,热情也罢,幻想也罢,却不能代替劳动。"

灵感产生时,注意力常处于高度集中状态,这时,人们所有的活动都集中在自己的创意对象上,仿佛要汇聚起全身所有的力量去解决所提出的问题,也由于注意力高度集中,其余的东西几乎都忘记了,甚至可以达到忘我的程度。难怪牛顿专心致志的研究问题时,竟把怀表当作鸡蛋放进锅里。

灵感更是突发的、飞跃式的。我国著名科学家钱学森说:"灵感出现在大脑高度激发状态,高潮多时很短暂,瞬息即逝。"科学家对问题长期进行探索,智力活动在出其不意的一刹那——在散步中、在看电影中、在闲暇中——产生飞跃。于是智慧从蕴积中骤然爆发,问题便迎刃而解。

而对于瞬间即逝的灵感,必须设法牢牢抓住,不要让思想的火花白白浪费了。许多科学家都养成了随时携带纸笔的好习惯,记下闪过脑际的每一个有独到见解的念头。爱迪生习惯记下他所想到的每一个新想法,不管它当时似乎多么卑微、渺小。他一生专利发明有 1328 项,这与他善于利用灵感是分不开的。爱因斯坦一次到朋友家吃饭,与主人讨论问题时,忽然来了灵感,他拿起钢笔,在口袋里找纸,可没有找到,然后他干脆就在主人家的新桌布上写开了公式。美国著名生理学家坎农说:"当我准备讲演的时候,我就先写一个粗略的提纲,在这以后的几天中,我感到灵感来临之际,都是与提纲有关的鲜明例子、恰当的词句和新奇的思想。我把纸笔放在手边,便于捕捉这些稍纵即逝的新想法,以免被淡忘。"

科学有赖于灵感,创意亦有赖于灵感,而创意思维中的灵感是一种不同于形象思维和抽象思维的思维形式,文艺工作者也有灵感,科技工作者也有灵感,灵感是创意过程所必需的,凡是有思维的人都知道,光靠形象思维和抽象思维是不'能创意,不能突破的,要创意要突破就必须有灵感。

在我国,在相当长的一段时期内,有些人一旦听到"灵感"两个字,便不免警觉起来。在他们看来,灵感似乎是个神秘的东西,谁承认灵感的存在,谁就是承认神秘主义,他们把承认灵感与认识论上的唯心主义混淆起来。其实这是一种误解。**唯心主义者把灵感解释为一种神秘的精神状态,有的甚至把它归功于神的启示,或者认为只有极少数"天才"才独有灵感,这些见解是错误的。**古希腊的柏拉图就是从唯心主义的角度看待灵感的。他认为诗歌创作活动全靠诗神依附所产生的"迷狂"。他说:"若是没有这种诗神的迷狂,无论谁去敲诗歌的门,他和他的作品都将永远站在诗歌的门外,尽管他自己妄想单凭诗的艺术就可以成为一位诗人。"可见,在他看来,诗和创意发明和灵感是神赐的,没有这种"迷狂"是永远不会创意的。而历史上许多事实已经证明,今后的事实也将会进一步证明，灵感的存在，并不是依靠神赐，而是依靠人们自己对灵感的激发。

在第二次世界大战期间，由于德国、意大利、日本对各国的侵略战争尤为猖獗，由美国、苏联、英国等国家开始着手建立反法西斯同盟，为了名正言顺地反讨法西斯帝国。同盟国决定起草一份宣言，可当时那些国家领导人在一起研究了好多次，也起了不少名字，但都因为不够恰当而不得不放弃。有一天大清早。罗斯福刚刚起床，便不顾身份地大叫："我的上帝。终于让我想出来了！"于是他匆匆忙忙地去找丘吉尔，而丘吉尔正在洗澡，罗斯福便迫不及待地在浴室门口大声对着浴室里的丘吉尔喊道："亲爱的温斯顿，我终于想到了，你看《联合国宣言》怎么样？"丘吉尔听后非常高兴，从漂满香皂泡的浴缸里跳出来。像孩子似的拍着白胖胖的肚皮叫道："太好了，真是太好了！"就这样罗斯福的自发灵感作出了伟大的贡献！到了 1945 年联合国成立的时候，也沿用了这一名称。

灵感的迸发是多种多样的，但细加考虑，它可以归纳为两类基本形式：联想型和省悟型。

联想式的灵感是指当人对某个问题经过一段紧张的研究，百思而不得其解的时候，然后在某一偶然事件的刺激、启发和感触下，思维顿时引起相似性的联想，感到豁然开朗，迸发出创意的新设想，使问题得到解决。这种迸发形式一般多见于自然科学领域的发明或发现，在这里"原型启发"起着重要作用。**所谓原型启发，就是从其他事物中得到解决问题的启示，从而找到解决问题的途径或方法的过程。**起着启发作用的事物叫作原型。任何事物都可有启发作用＋都可能成为原型，如自然景象、日常用品、人物行为、技巧动作、口头提问、自觉描述等，都可能成为对人有启发作用的原型。但是，一个事物能否起原型启发作用，不是决定于这一事物本身的特点和内容，而是与思考者、创意者的主观状态（如思考者或创意者的创意意向、联想能力等）有很大关系。

灵感的联想式激发必须通过某个偶然事件的触发，刺激大脑进行联想，然后产生灵感，而省悟式灵感的激发则不同，它不需要借助于"触媒"的刺激，乃是通过内在的省悟、内部"思想火花"而产生灵感的，当人们对某个事物经过长时间的思考、思维达到了饱和程度，仍然没有进展时，在大脑神经系统中就像布满了纵横交错的"电路"，却转来转去无法接通，后来，在潜意识的作用下，突然之间，猛然省悟，使问题得到解决。这种迸发方式多见于文学创作，但在科学史上以这种方式获得灵感的也不乏其例。

心灵悄悄话
XIN LING QIAO QIAO HUA

当思考者与创意者对问题进行了相当充分的研究，在大脑中储存了解决问题所需要的各种信息时，使人产生了种种显意识与潜意识的思维活动，在脑中大脑神经细胞能对曾经接受过储存的信息进行加工，对学得的东西也同时进行整理，从而制造出新的信息来。

必须要有创意精神

创意精神既表现在强烈的创意动机上，还表现在对各种事物的批判精神和革新精神上；创意能力则是一个创意者必须具备的一种创意品格，它并不是抽象的不可捉摸的东西，任何创意能力总是要在解决问题的过程中才能表现出来。

而要解决问题，首先就要发现问题，提出问题。**问题是一切创意活动的起始点，创意地解决问题是产生新成果的必经之路**。在一定意义上可以说，人类文明的进化史也就是一部在科学、技术、文明领域中不断提出问题解决问题的历史。

英国著名化学家道尔顿以原子量为核心提出了新原子论，为化学史的发展提供了一个重要的理论基础。恩格斯说："化学的新时代是随着原子论开始的。"

但是道尔顿的原子论也存在着毛病，其中之一就是他用复合分子概念代替分子的概念，忽视了分子与原子的本质区别。正是这一点使原子量的测定陷入困境，而盖·吕萨克气体反应定律对道尔顿原子论是支持的。没有想到首先起来反对气体反应定律的恰恰是道尔顿本人，因为他认为，如果按照盖·吕萨克的说法，一个体积的 O_2 和一个体积的 N_2 化合成两个体积的 NO，那么 NO 的复合原子岂不是由半个氧原子和半个氮原子组成吗？这是和原子不可分的观点相矛盾的，这就是他持反对态度的"理由"。

他们两个人互不相让，终于引起了一场争论。

1811 年阿伏伽德罗提出了分子的概念，提出分子与原子的区别，他指出原子是参加化学反应的最小质点,而分子则是游离状态下单质化合物能独立存在的最小质点。同时还修正了盖·吕萨克的假说,提出在同温同压下,相同体积的一切气体中含有相同数目的分子,而不是相同数目的原子。他将前人的研究成果统一起来,形成了科学的原子—分子论。这时,道尔顿又起来反对说:"在同温同压下,同体积的不同气体所含有的气体粒子数,随气体而异。"结果。出现了原子论的创始人阻碍了原子论进一步发展的可悲事实。19 世纪一些有胆识的人开始探索怎样实现人类上天飞行的夙愿,有些科学界的名流站出来劝阻:最早用三角方法测量同地距离的法国科学家勒让德说:"制造一种比空气重的装置去进行飞行是绝不可能的。"赫尔姆霍茨从物理学的角度论证要使机械装置飞上天纯属空想,美国天文学家组康通过大量"证明"认为飞机甚至无法离开地面,可是到了 1903 年,飞机还是飞上了天。

人或多或少地都存在着思维惯性,习惯于依据已有的知识,按常规方法去思考问题,当出现与已有知识相矛盾的新理论、新知识时,就会感到不以为然,体现不出强烈的批判精神,难怪贝尔纳说:**"构成我们学习的最大障碍是已知的东西,而不是未知的东西。"**上述的实例反映的正是这一情形,这告诉我们,创意者在从事创意活动中要警惕,不要受"已知"的束缚,要摆脱传统观念和习惯思维方式的影响,以保持独立思考能力和批判的革新精神。

一个人的创意力的强烈与否,不仅与知识经验有关,而且与他的"问题意识"的强度和明晰程度关系更加密切,所谓"问题意识",实际上就是一种寻根究底的精神,一种革新的批判精神,"问题意识"也是萌发创意思想的前提。是创意的起点。深具"问题意识",以科学的批判眼光去看待各种事物,才可以不受传统观念束缚。

传统思想,习惯看法,权威教条等既成观点,常常也会成为阻挠创意的障碍,这种障碍通常都会有三种表现形式:一是知觉上的障碍,即来自我们自己的知觉方面的障碍;二是文化上的障碍。即每个人常常在有意无意中有附和"流行思想""习惯看法""传统观念"的倾向,而这种倾向往往容易束缚人的创意力，一个人如果不敢冲出"流行思想"的束缚，不敢冲出"常规"，深受"趋势"和"潮流"的控制，便会埋没创见，创意力就难以发挥；三是感情上的障碍，这是在个人的思想上、感情上所造成的障碍，如自尊心、个人得失的考虑所造成的障碍。

只要我们能冲破以上三种障碍，用批判革新精神看待事物，就会培养出大师般的创意意识，进行成功的创意。

心灵悄悄话
XIN LING QIAO QIAO HUA

创意活动既要以继承为前提，更要以创意意识为条件。创意者在有效地从事创意活动时，必须要有创意精神和创意能力。

坚持独立思考

法国昆虫学家法布尔曾经做过一个有趣的"毛虫试验"。他把一队毛虫引到一个高大的花盆上,等全队的毛虫爬上花盆边缘形成圆圈时,法布尔就用布将花盆边上的丝擦掉,仅留下花盆边缘上的丝,并在花盆中央放了一些松叶。松树毛虫开始绕着花盆边缘走,一只接一只盲目地走,一圈又一圈重复地走,它们认为只要有丝路在,就不会迷路。

如此走了许多天,它们根本不知道距离几厘米处有丰富的食物,最后终因饥饿而死。

我们中的许多人跟松毛虫一样,只会盲目地过日子。一个没有目标的人,就像一艘没有罗盘的船只,随风飘荡,这样,非但到不了彼岸,而且极易触礁沉没。选定一个适合自己的目标极为重要,如果人云亦云,随大溜,就像这些毛毛虫一样,只能在原地踏步,到头来只会一事无成。

一位心理学家曾做过这样一个实验,找出 7 名学生,让他们坐在一张桌子的周围,其中真正的被试者只有一个人,令其坐在较靠后的位置,其余的 6 人都是陪衬者,并接受了实验人员的秘密暗示。7 名学生围桌坐好以后,给他们看两张图片。前一张图上有一条线为标准线,另一张图中有 A、B、C 三条比较线,其中线段 C 与标准线等长。当 7 名学生看完图片后,让他们指出哪条比较线与标准线长度等长。

回答时,先让那 6 个事先安排好的陪衬者故意作出错误判断,说比较线 A 或 B 与标准线相等,然后再让不了解真实情况的那个真正的"被试"判断。结果这个人也做出同样的错误判断。而单个人做这个实验时。几乎没有一个人作出错误判断。

这个实验揭示了一种重要的现象——"从众心理"。也就是我们常说的"随大溜"。它指个人在知觉、判断和思维活动中,容易受团体中其他人的影响,而屈从于他们的观点。

"从众"现象在日常生活中是经常发生的。在学校里,老师布置了一道比较难的数学题,全班同学对自己答案的对错都没有多大的把握。如果大部分学生的答案是一致的,其余的同学即使做对了,心理也总觉得不踏实,大脑里不停地在作思想斗争:我还是把答案改成和他们一样的吧。"随大溜"的人往往不敢坚持己见,人云亦云,结果和别人一起犯错误。

"从众心理"是一种比较普遍的社会心理和行为现象。人们生活在某个群体中,都希望融入群体,而任何群体都有一种无形的排异力,要求个体与它保持一致。如果个体的言行偏离这种一致性,就会受到孤立。有的人由于承受不了被孤立的压力,因而就出现了"随大溜"的现象。一般来说,自信心较强的人,发生"从众"行为的可能性较小;缺乏自信心的人更容易产生"从众"行为。"从众"心理容易抑制个性发展,束缚思维,扼杀创意力,让人变得无主见、墨守成规、盲目从众、不善于独立思考,即使多数人的意见和方案存在问题,也不敢提出反对意见。

比如,在某个大楼的电梯门口,有位职员站着等电梯。一会儿,电梯下来了,门一打开,只见电梯内的每个人都脸朝内背朝外地站着,那位职员起初感到有些奇怪,想不出大家都这样做的理由,但是,他自己走进电梯后,同样也是脸朝内背朝外地站着。

再比如,某男士走进医院候诊室,看到候诊室内的男士都穿着内衣内裤。有的在读书读报,有的在聊天,但无一例外地都没有穿外套。这位后来的人心想:大家都不穿外套,其中一定有缘由。于是,他马上跟着脱掉外套,仅穿着内衣内裤在那里等候就诊。其实那些人是在等体检。

可见,在我们的生活中到处存在这样的随大溜现象,这只能影响我们对事物的正确理解与判断,让我们的思路误入歧途。

具有"从众心理"的人,在公众场所,由于周围环境、气氛及周围人的表现,最容易丧失自己的独立思考能力,这样的人不是用自己独特的眼光理解问题,而是借助别人的现有的经验和智慧来看问题。**随大溜的人,没有自己独立解决问题的能力,往往只愿跟着别人干,不愿自己创意。**

走出随大溜的阴影,就要树立自己明确的目标,而不是人云亦云。美国一个研究"成功"的机构。曾经长期追踪 100 个年轻人,直到他们年满 65 岁。结果发现:只有 1 个人很富有,其中有 5 个人有经济保障,剩下 94 人情况不太好,可算是失败者。而这 94 个人之所以晚年拮据,并非年轻时努力不够,主要因为没有自己清晰的目标。

要避免随大溜的心理,还要有强烈的事业心、责任感,以激发追求真理、捍卫真理的勇气,在决策时不计个人得失,敢于负责,不盲从各种压力,坚持独立思考,解放思想,实事求是,才能使我们的思维方式充满生机与活力。

我们知道,雷达就是通过不断旋转方向,来搜索更大空域内的目标,我们在思考问题时也是如此,如果你一直沿用老一套思维方式去理解问题,那么你很可能就会永远跳不出思维的"暗箱",找不到问题解决的办法。为此,请你转换一下思考的方位,变换一下思维方式,或许会收到意想不到的结果。

有一位画家,画了两幅同样的画。他先把其中的一幅放在大街上,告诉过往人如果发现这幅画的败笔之处,就用红笔圈出来。三天后,画被圈满了。之后,他又把另一幅同样的画挂在大街上,告诉过往的人们,把这幅画的最成功之处圈出来,三天之后,画同样被圈满了。

这个故事告诉人们:**思考是多角度的,**同样一件事情,有时不在于它**本身优劣如何,而关键是我们怎么看它,而且人们的看法又是容易被引导的。**用欣赏的眼光看事情,事情会是美好的;用批评的眼光看事情,同样一件事又会糟糕透顶。所以为避免片面地处理问题,我们就有必要学会多角度地来思考问题,学会全方位思维。

83

第三篇　激发创意的潜能

（一）寻求多种答案

在自我突破过程中，成功的概率与设想出来的选择途径的数量成正比。例如，如果我们能想出 100 条路子，选出最佳方案的机会就比只想出 10 条路子多 10 倍。所以我们从多个方向来思考问题，并且尽可能多地列出多个解决的答案，这样会找到最佳的解决问题的途径。我们要力求避免那种刻板僵化的思维模式，而要以一种动态的眼光看待事物，要有考虑多种可能性的思维方式和态度。

因此，我们在思考问题时，要拓宽思维的渠道，学会从不同角度设想问题，能尽量提出不同类型的多种答案，能灵活地变换影响事物发展的因素，全力寻找最优答案，保证问题的最终解决。比如我们可进行词语的流畅性训练，如尽量多地写出同音字、同部首词等；进行观念的流畅训练，要求举出属于同类的东西，如会飞的有哪些；进行联想的流畅训练，如写出和某一词意义相同或相近的词；进行运算的流畅训练，如用数字或字母以及各种数学运算形式来完成这一等式；进行图形的流畅训练，如任意找几块纸板拼装出尽可能多的图形。

总之，运用这些方法的主要目的是通过给问题找出尽可能多的答案来训练思维的流畅性，让你的思维视野更为开阔。

（二）学会自由想象

丰富的想象力往往能活跃你的大脑，拓宽你的思路，你的让思维更具弹性。它有可能会把你带进一个意想不到的境界中，从而使你获得更大的思维动力。

我们的大脑有着完美的想象能力，能将现实的生活转变为不可思议的美好景象。西方有一位被称为奇异之才的工程师，叫泰斯拉。据说，他拥有一种不可思议的能力。例如，他只凝视一张张画满零件数据的设计图纸，就可以在自己的头脑中显出一台已经装配完整的机器形象，甚至于细微到每一个小螺丝都清晰可见。即使设计中出现错误，他也可以在头脑中运行检验，并指出错在哪里。泰斯拉非凡的形象化思维能力，在于他能把所有的客观因素都转化为自己头脑思维的因素。

正如莎士比亚在《哈姆雷特》中讲过的："你就是把我关在胡桃盒子里，我也是无限想象空间的君主。"

学会自由想象，就是展开你思维的翅膀，就是打开了你思维的天线，应当任凭它自由翱翔，而不受现实得失考虑的约束。实验表明，在创意诞生的初级阶段，设想越是海阔天空越好。因此，在进入具体的应用问题以前，无须对设想的相对优势作出决定，真正有创意的人是先让想象力自由驰骋，然后再回到现实中来，让自己的思维既放得开，又收得拢。

（三）防止片面思维

即使你的思维有了结果，也不要过早付诸行动，否则可能会发现这样的结果并不是自己原来想要的。明智地、冷静地、不带偏见地作出判断，但须在适当时机到来时再得出结论。很多人坚持立竿见影的工作作风，不愿意围绕一个问题来冥思苦想。要知道，过早下结论，往往容易忽视真正富有创意的东西，而不能发现事物的本质特性。

防止片面地看待问题，就需要我们尝试跳出自身专业局限，以拓宽思维视野。现在有一个事实不可否认，那就是培养人才还是按掌握一定程度的专业知识来进行。如果仅仅这样的话，将是一件非常可惜的事，因为

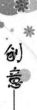
这只能将人才的眼光局限在一个领域范围内。这好比手电筒,除了那一束光照亮的范围之外,我们什么也看不见——这就是所谓视线或观察的盲点。也正因此,有人说:"一个领域的专家往往在其他领域里就是一个白痴。"我们仔细观察可以发现,很多成功人士都是在本专业以外的领域取得成功的。如郭沫若原先是学医学的,但他后来却在诗歌、戏剧、小说等文艺领域取得成功,而且在考古学上也有独到之见。

如果只是限于专业之内来处理问题,这只能阻碍创意思维的产生,因为缺少触类旁通的联系来谈创意发明是不可想象的。最好的、最有创意的答案很可能来自一个与专业无关的领域,但不去探索是得不到的。试着抛开专业的眼光,去培养用另外一种好奇心来观察问题,你可能会发现另外一个新天地。

最后,我们引用一位智者说的话:伟大的秘诀,首先就在于去掉自以为被封在有限能力的躯体内的可怜想法。请展开你思维的翅膀吧。在现代社会,人要有克服困难的精神和毅力,但我们更需灵活的思维方式。让我们以开放式的思维,走出眼前的困境,开拓出一片崭新的天地来。

心灵悄悄话
XIN LING QIAO QIAO HUA

走出随大溜的思维误区,就是遇事要多问"为什么",善于质疑发问。生活中,我们要努力培养和提高自己独立思考和明辨是非的能力,遇事和看待问题要有自己的思考和分析,从而使判断能够正确,并以此来决定自己的行动。

创意的灵感只在一念之间

什么是灵感？灵感就是形成创意认识的刹那间在人脑中的反映，它具有新颖性、突破性。从心理学角度看，灵感是"人的精神与能力之特别充沛的状态""是浓厚情绪的充沛状态"。这状态保持着创意意识的高度明确、创意对象的注意力高度集中、创意过程的情绪高度专一。**灵感是一种复杂的心理现象，是思维活动中由思想集中、情绪高涨而表现出来的创意能力。**

弗莱明发现了盘尼西林（青霉素），他在做实验时，培养了一个实验皿的细菌。但是实验没有成功，因为实验皿中的细菌被别的细菌侵入。长成了绿霉。弗莱明经过仔细观察后，他注意到这个绿霉杀死了器皿中原有的细菌。在注意到这个霉菌的杀伤力之后，弗莱明经过分析、判断，产生了灵感：这个绿色的霉菌中，包含着可以杀死葡萄球菌的物质。于是，他把盘尼西林从霉菌中分离了出来。

在弗莱明之前，有很多科学家报告过霉菌杀死细菌这个事实。但是，由于他们没有产生灵感。没有形成创意的认识，所以没有发现盘尼西林。

灵感之所以产生，并不是因为你的智商有多高。现代物理学的奠基人爱因斯坦四岁才学会说话，上学后老师给他的评语是"脑筋迟钝、不善交际、毫无长处"，并轻蔑地称他为"笨蛋"；勉强上了高中后，因为成绩极差竟然被开除了学籍；他后来的伟大巨作《相对论》完全是他丰富而扎实的知识和一念之间的灵感所完成的。大发明家爱迪生小时候全班成绩最差，因为他长了个"偏头"，老师带他到一个著名医生那里做检查，医生诊断后，煞有其事地说："里面的脑子也坏了。"然而这位世界闻名的大发明家说，自己的伟大创意都来自自己的灵感——如果脑子坏了。怎么会有那么多影响世界的伟大的灵感产生呢？

当然，说这些并不意味着大家在学校里可以"不务正业"，而是要向大家说明无论你智商如何，无论你曾经多么失败，只要你有进取心，总会有某些突发奇想的念头，而只要你牢牢把握住，这一念之间的灵感就会成为你伟大的创意。

从人的大脑中有潜意识和潜思维的观点来看。灵感产生的心理机制是这样的：一个人很长时间反复思考某个问题却得不到答案、而中间休息或娱乐时，也就是放松一下的时候，这时人的显思维就不再去思考这个问题了，而潜思维却仍在那里"工作"，因为潜思维比显思维能获得更多的信息量，因而它能获得显思维不能获得的思维成果。当潜思维对问题有了一定结果的时候，它会将这一结果输送给显思维，这就是我们所说的灵感了。

大家都知道贝多芬的名作《月光曲》，但有人知道它是如何被大师创意出来的吗？贝多芬在一次演出结束后出来散心，走到了一个破屋前，听到里边传来优美的音乐，他不知不觉地走到了门口。"哥哥，要是我们能买到音乐会的门票该多好啊！"弹琴的女孩忽然停下来说道，"可是我们的温饱还不能解决。""那都是有钱人去的地方，我们穷人是进不去的。"一个男人说道。女孩子说："我多么希望能亲耳听到他的琴声啊！"说完她低下了头。这时贝多芬推开门走了进去。"先生，您找谁？"男人先开了口。"我只想借用你们的琴弹一下，可以吗？"女孩站了起来，给他让了位置，说道："可惜我们的琴太破了，如果您不嫌弃的话，我们非常欢迎。"贝多芬坐了下来，把他的作品都弹了一遍，女孩和那个男人都沉浸在优美的音乐之中。忽然贝多芬站起来走了出去，因为在他的心里又酝酿出了一首伟大的作品，而且就在这一瞬间，他忽然发现了他要找的东西，所以他快步离开了破屋，而男人和那女孩还陶醉在他的琴声之中。

世界上最伟大的物理学大师爱因斯坦的相对论，被公认为物理学史上伟大的革命，在谈到它的形成过程时，爱因斯坦说："我躺在床上，那个谜一直在痛苦地折磨着我，像是没有一丝希望能解答这个问题，但突然黑暗里闪出了我期待已久的光明，终于答案出来了，于是我立即进入了工作，连续奋斗了五个礼拜，然后写出了《论动体的电动力学》论文。那几个星期我好像处在狂态里一样。""形成广义相对观点时，"他又回忆说，"一天，我坐在伯尔尼专利局的椅子上。突然想到，假如一个人自由落体时，他会不会感到自身的重量？我为自己的这一假设大吃了一惊，这个简单的思想实验给我打上了一个深深的烙印，这是我创意引力的灵感。"难怪这位大师向世人郑重地说："我相信直觉和灵感。"

灵感的形成，虽然是在一刹那之间，但是，它与一个人的知识、经验以及分析、判断等能力有密切的关系。因此，灵感的形成离不开个人长时间的积累。而且，在一次灵感形成之后，还要进行验证、充实和完善。

那么如何使自己产生令人羡慕的灵感呢？科学上指出：灵感使创意过程中新观念的产生带有突发性，灵感现象自古以来就曾经使许多人感到神奇，历代都有众多著作和学者对它进行多方面的探索。灵感问题是对人类很有诱惑力的研究课题，同时也是唯物主义和唯心主义长期争论的一个焦点。对于人类在历史上对于灵感的漫长研究和争论过程中，我们发现，进一步开发和提高我们自己的智力和创意能力，对灵感现象要有所了解，尤其要善于捕捉利用灵感，使它给我们创意出惊人的奇迹。

在我们吃饭、听歌、聊天等等过程中，都会突发出某种神奇的灵感，而且它仅仅在一刹那，所以我们要保持精神高度集中，充分利用好这一灵感。灵感同懒汉无缘，它是勤奋学习的报酬。高尔基说过："天才就是劳动，人的天赋就像火花。它既可以熄灭，也能燃烧起来，而迫使它燃烧成熊熊大火的方法只有一个，就是劳动，再劳动。"灵感是长期创意劳动的必然结果。所以它自然需要由勤奋的汗水来浇灌。俄国音乐家柴可夫斯基说过："灵感是一个不喜欢访问懒汉的客人。"

因为人们寻找灵感的目的是为了解决某个实际问题，所以必须要以强烈的求知欲望和勤奋精神为基础。对我们来讲：一要树立崇高的学习目的。一个人追求的目标越远大，他就越有学习的韧性，目标越是崇高，

就越有学习的毅力。二要有勤奋的学习精神。勤奋是获得一切成功的必备条件,也是产生灵感所不可缺少的。虽然灵感带有突发性和偶然性,但它终究是长期积累和思考的结果,即所谓"长期积累、偶然得之"。俗话说的"踏破铁鞋无觅处,得来全不费工夫",这看似"不费工夫"的"灵感",正是"踏破铁鞋"的长期努力换来的。所以,我们要坚信"下力多者收功远"的道理,树立"莫嫌海角天涯远,但肯摇鞭有到时"的信心。从而不停地顺畅自己的思路,使灵感在学习中不期而至。

 心灵悄悄话
XIN LING QIAO QIAO HUA

　　创意主体在广博的知识、丰厚的社会经验的基础上进行思考的紧张阶段,通过有关事物的启发,使得在创意活动中所探索和捕捉的某些重要环节得到明确的解决——这就可以说是获得了灵感。

突破世俗的框架

林肯曾经说过："我从来不为自己确定永远使用的政策。我只是在每一具体时刻争取做最合乎情理的事情。"

人的思想总是在某一范畴内活动,这个范畴的大小体现了思想的自由程度。创意往往是自由思想冲破既有范畴的一个过程。

但是,人是在社会中存在的,他不可能完全孤立于他人,所以人的思想和行为也常常受到他人的制约和世俗的约束。在我们的生活世界中,存在着人为的一些规则和条款,存在着一些"必须"和"应该"的框框。在这张条框的大网中,人们被套在其中,常常不假思索地按程序办事,按规则去干。

但是万事都是在变化着,没有一成不变的东西。所以任何规则和程序都不能保证永远有效,都不能永远作为行事的规范,不能把它们应用于任何场合和所有的人。如果要想使它们有最佳的指导效果,就需要根据变化了的情况进行改变。所以对于个人来说,僵化的头脑无法适应社会的发展。也无法让自己有一个良好的发展前景。

有人说,盲目地服从比犯规更有害,如果你盲目地去循规蹈矩,那就无法真正的生活下去。如果要想让自己活得更有意义。就应该重新审视各种规定,就必须重新审视自己的行为,而不要让一种规定限制了你的头脑。

有的人在办事时,追求的是一种稳妥,以为只要按章行事就不会出现大的错误。或者从心理上有了一个绝对的标准,认为只要被规定了的东西就是好的,只要是章程上写的就是对的。但这种绝对的认识并不是就做到了公正处理，如果情况变了你还是守着那个标准办事，可能会把事情办坏。如果你能放下这个框框的限制，你就能找到一个更明智的解决办法。此外，并不是所有明确的追求都会有一个良好的结果，有时候，有些东西还是模糊一些更能让你过得舒心。

模糊并不一定就是让你时时都要有模棱两可的做法。因为优柔寡断并不适合紧急的场合，也不适合一些突发事件。这种左右徘徊的做法可能是由于对某种标准的长期接受，或者是习惯了衡量。常常想作出正确的决定，并不一定就能完全实现，有时反而会起反作用。正如穆勒在《论自由》中说的："我们永远无法确定我们所压制的是不是错误的意见。即使我们压制的是错误的意见，压制意见的做法比错误意见本身更为邪恶。"如果你要作出决定时，能抛开一切僵化的观念，能不顾及是是非非，那么你就能作出恰当的决定。

如果你要把自己固定下来，就是陷入了一种框架式的思维，你就找不到一种适合生活的标准和判断的标准。如果你想让自己完全摆脱思维上的"应该"标准，消除判断是非的误区，就应当努力打破常规，就应该大胆作出各种决定。

对于《海上钢琴师》这部经典影片，看过的人一定会对它留下深刻的印象：

主人公"一九零零"从小被人遗弃，船上一个烧煤工人捡到他并抚养他长大。他一直就跟自己的养父生活在船舱的最下层，从来没有到过头等舱。直到他的养父在一次意外中丧生，他才在伤心的日子里偶然走到了头等舱。在那里他第一次听到了美妙的音乐。第一次从门上的花纹玻璃中看到钢琴师演奏时的优雅动作，还有大厅里跳舞的人们。一下子，他就被这一切深深吸引住了。当天晚上，他就偷偷跑到了钢琴前，并弹了起来。天才的音乐头脑使从来没学过钢琴的他瞬间弹出了动听的音乐。这声音传遍了整个头等舱，人们来到大厅，惊喜地发现原来是这么小的孩子弹出的好音乐。但船长走到他身边说，这不合规矩，下等人不能到上等人的大厅演奏。小小年纪的"一九零零"居然说出了一句让所有在场的人都很震惊的话:"滚蛋,老规矩!"所有的人都笑着赞赏他的胆量,他就因为这句话改变了自己的一生,从此他被允许坐到头等舱的钢琴前,开始了他的演奏之旅。

可以说,如果没有大胆地向世俗的观念挑战,没有不向老规矩屈服的勇气,那就不可能改变"一九零零"的命运,他可能永远都会待在最底层,与他的养父一样安分地做一个烧煤工人,而不可能成为一个出色的钢琴师。他向每一个人都做出了一个榜样,要想让自己过得好,就需要树立一个改变的观念,就应该向一切陈旧的教条规矩发出抗议。

心灵悄悄话
XIN LING QIAO QIAO HUA

在创意活动中,思想的自由尤为重要。思想是人个体的心理活动,但它受外界的影响非常明显。社会的传统文化背景、自身的知识体系等都在很大程度上左右一个人的思想活动方式。

93

第三篇　激发创意的潜能

激发思维潜能

第一,张开想象的翅膀。著名的科学家爱因斯坦曾经说过:"想象力比知识更重要,因为知识是有限的。而想象力概括着世界的一切,推动着进步,并且是知识进化的源泉。"

他之所以能研究出"狭义相对论",得益于他在孩童时期便常常幻想自己同光线赛跑。而世界上第一架飞机也来自人们想要像鸟类一样飞翔的梦想。幻想是创造性想象的一种特殊形式,适当的幻想能够引导人们发现新事物,作出新努力、新探索和创造性的劳动。

想象力是人类运用储存在大脑中的信息进行综合分析、推断和设想的思维能力。大部分人终其一生只运用了大脑想象区的大约 15% 的空间,开发这个空间应该从想象开始。

第二,培养发散性思维。发散性思维的含义是指一个问题假如存在不止一种答案,就要通过思维向外发散,找出更多更妥帖的创造性答案。

"涉猎多方面的学问可以开阔思路……对世界或人类社会的事物形象掌握得越多,越有助于抽象思维。"1979 年,诺贝尔物理学奖金获得者、美国科学家格拉肖这样启发我们。

当我们思考砖头有多少用途的时候,充分运用发散性思维可以给出很多的答案:建筑房屋、铺路、刹住停靠在斜坡的车辆、砸东西、压纸、垫高、防卫的武器……这就是发散性思维的力量。

第三,发展直觉思维。直觉思维是指不经思考分析的顿悟,是创造性思维活跃的表现之一。在学习过程中,直觉思维可能表现在许多方面,比如大胆的猜测、急中生智的回答。或者新奇的想法和方案等。在发现和解决问题的过程中,我们要及时留住这些突然闯入的来客。努力发展自己的直觉思维。

达尔文在观察植物幼苗生长的过程中。发现幼苗顶端向太阳照射的方向弯曲,推测出可能是由于其顶端含有某种物质,在光照的作用下,转向背光一侧。后来,在达尔文研究的基础上,科学家作了反复研究,才找到这种物质——生长素。

希腊王叫阿基米德想出一个办法检测王冠是否为纯金的,阿基米德冥思苦想好几天。在洗澡时,阿基米德突然发现,他所排出的水在体积上与他的身体相等。灵光一闪,顿悟了王冠的测量方法。

第四,培养思维的独创性、灵活性和流畅性。创造力建立在广博的知识基础上,包括三个因素:独创性、灵活性和流畅性。

对刺激作出不同寻常的反应是思维的独创性。能流畅地作出反应的能力是流畅性。而灵活性是指随机应变的能力。

20 世纪 60 年代,美国心理学家曾经对大学生进行自由联想与迅速反应训练,要大学生针对迅速抛出的观念作出最快的反应。速度越快。讲得越多,表示流畅性越高。这种疾风骤雨式的训练,非常有益于促进创造性思维的发展。

第五,培养强烈的求知欲。人类对自然界和自身存在的惊奇是哲学的起源。

古希腊哲学家柏拉图和亚里士多德认为。**当人们对某一问题具有追根究底的探索欲望时,积极的创造性思维便会由此萌发**。精神上的需求是产生求知欲的基础。我们要有意识地设置难题或者探索前人遗留的未解之谜,激发自己创造性学习的欲望。把强烈的求知欲望转移到工作、事业和生活中去,不断探索,使它永远保持旺盛。只有这样。才能使自己在学习过程中积极主动地求索,进而探索未知的新境界、新知识,创造前所未有的新成就。

一个人爬楼梯,分别以六层为目标和以十二层为目标,其疲劳状态出现的早晚是不一样的。卡耐基总结了人们生活的经验,认为:把目标定在十二层,疲劳状态就会晚出现些,当爬到六层时,你的潜意识便会暗示自己:还有一半呢,现在可不能累,于是就鼓起勇气继续上行……在这里,目标高低带来的自我暗示几乎直接决定了你行动力的大小。其实,在我们成长过程中,几乎无时无刻不在"爬楼",或许你会意识到其中起作用的不只是生理因素,心理因素的作用将占极大的比例。再往深说一些,就是一个把期望放在怎样实现自我激励的问题。

提高需要层次和强化优势动机必须有具体方法。清醒地意识到激励因素在自己心理活动中的作用,并尝试运用自我激励的手段,便是有效的方法之一。

卡耐基认为,在以人为核心的管理科学中,激励理论受到格外的青睐不是没有道理的。人的需要结构和动机体系都是在一定的社会环境中建立起来的,环境对人们心态的影响常常表现为一种刺激,如果这种刺激是一种良性刺激,不论是来自内部或外部,都会对需要结构的调节和需要层次的提高产生良好作用,这便是激励。不满足于现状,是人的心理常态。当别人向你指出,或是通过自己的学习思考发现,"我"有可能改变现状,有可能干得更好,有可能获得更大的成果时,激励便有了立足之地。需要无止境,激励在各个层次上发挥作用的机会便也层出不穷。西方科学家在试验中发现:人的能力在一般情况下,只发挥了很少一部分,而在受到激励的条件下有可能几乎全部发挥出来。这说明大多数人自身还没有意识到,自己的能量简直就是一个处于潜伏期的活火山!而诱导其爆发的内因就是激励!

现代激励理论中有代表性的流派很多。根据管理自己的需要。我们重点介绍一下"期望模式论"。

美国心理学家佛隆的"期望模式论"的要点在于:人们在自觉去做任何一件事之前,总要在自己的心目中对这件事情的结果有某种价值评价,并对实现目标的可能性大小进行估计。例如,许多战士准备报考军校,上军校在他们心目中代表着自己人生中的一个重要的里程碑,是一个在思想、文化、军事素质上跃升的新层次。同时,如果他已经决定了报考,那么他还要根据对自己实力的估计和对周围环境的分析,考虑一下自己真正考上的可能性,就是我们俗话说的"掂量掂量自己"。对目标的价值和对目标实现可能性的估价,这两条将直接决定一个人为实现此目标将会付出多大的努力。因此,**一个人行为激发力量的大小,取决于他对目标价值的估计和实现可能的估计,这就是"期望模式论"。**

从管理自己、自我激励的角度看,佛隆给了我们两点启示:其一,决定行为动力大小的两个制约因素往往取决于个人主观上的估价。尽管这种估价不可能百分之百的准确反映客观现实,但它毕竟展示出了一个相当广阔的自我激励的天地。人的成功,在很大程度上不是靠外力,不是靠别人,而是靠自己,自己成为自己行为的推动者和主宰者。科学的分析和实事求是的估价是信心和力量的源泉。其二,我们曾多少次因为目光短浅、信心不足,而与那通向目标的岔路口失之交臂,"期望模式"带给我们的不应是一种盲目而简单的躁动,为了使自己科学的运用自我激励的方法,首先要全面地提高自己的认识能力。要不断通过学习来获取丰富的知识和培养真知灼见,以及锤炼自己的意志和胆略。如果你这样做了,即使以后遇到信心不足的时候,你也会知道从哪里入手可使自己重新振作,从哪里挽住牵引自己前:行的某一根缆绳。

对于一个迫切希望丰富自己以博学多识的青年来说,别的同伴比他知识多,甚至是多看了一本书,都能成为一种极强的激励。比如在部队里,有的战士就会因为投弹训练比同班战友少了五米而加班加点地苦练……

许多人曾经这样认为,没有高学历的人,成功的希望不是很大。

詹妮弗·彻尼从不相信传统的成功之路:获取文凭——谋求好职业。因此,她常常由于不遵循传统之道而受到非议。她说:"我花不起这些时间。"她现在是房地产投资商,每年获利百万。

她在纽约州立大学只读了一年就退学了。她认为四年大学好像是中学和进入现实社会生活之间的一段间歇。她不愿花这么长时间休息,而是下决心进入商界挣 100 万美元。

她先进入一家缝纫厂做服装工人,在厂里以惊人的速度取得进步。每当有人离开这个艰苦的岗位时,她便对老板说:"我能把活儿接过来吗?"后来,她开始从事销售工作,仍是以好学和拼命的精神投入工作,三年内工资由每年 8000 美元提高到 5 万美元。此时,她意识到在这里已干得差不多了,于是辞去工厂的工作。她的父母和朋友都劝她回大学读书:"你别发疯了。你再也挣不到那么多钱了。"但彻尼不听劝告,她对从宝石到保险业的销售行情进行了调查,最后加入贝奇房地产公司。头一年对彻尼来说很不顺利,她做的几笔买卖都失败了,几乎没挣到什么钱。她白天东奔西跑。晚上到夜校读房地产经营的课程,第二年夜校的课程上完后,她的生意开始兴隆起来。那年她拿到 100 万美元的佣金。但她刚做完一笔最大的交易后,就被老板解雇了。彻尼认为这是由于老板嫉妒她。

彻尼没有被打垮,她痛哭了一场后,接着又参加了夏皮罗房地产公司,仅仅一个星期,该公司买卖的成交额就增加了一倍。彻尼终于获得了巨大的成功。

这就说明,**没有高学历,人们照样能够获得成功,能够在这个充满竞争也充满机会的社会里立于不败之地。**

日本独立公司是专为伤残人设计和生产服装而设立的,赢得消费者的好评。这家公司的老板是一位叫木下纪子的妇女,过去她曾管理过两个室内装修公司,并且小有名气。可是,正当她在选定的道路上迅速发展的时候,不幸降临到她头上,她突然中风,半身瘫痪了,连吃饭穿衣都难以自理。当她从极度的痛苦中摆脱出来,清醒思考的时候,她问自己:这辈子难道就这样了结了吗? 不! 必须振作起来。穿衣服这件事虽然是件小事,但又是每天都遇到的事情,对一个残疾人来说又多么重要啊! 难道就不能设计出一种供伤残人容易穿的衣服吗?

一个新的念头突然而至,使她顿时兴奋起来。她忘记了自己的痛苦。甚至忘记了自己是一个左半身瘫痪的人。

木下纪子根据自己的设想加之以往管理的经验,办起了世界第一家专门为伤残人设计和生产服装的服装公司——"独立"公司。"独立"这个字眼不仅向人们宣告伤残人的志愿和理想,同时也说出了木下纪子自己的心声:她要走一条独立自主的生活道路。

木下纪子按残疾人的特点及心理,设计出适合伤残人穿的服装。独立公司开张后生意日益兴隆,有时一个季度就可销售5万多美元的服装。由于她事业上的成功,在日本这个以竞争著称的国家,竟得到了10家不同行业的支持,木下纪子还准备把她的产品打入国际市场。她的这一计划不仅得到日本政府的支持,同时也得到了外国友人的帮助,她和一家美国同行组成了一个合资公司。

木下纪子为公司的发展呕心沥血,走过了漫长的路。她向一位来访者宣称:为伤残人生产产品固然重要,改变伤残人的形象更重要。尽管我们的身体残废了,但我们的精神并没有残废。我所做的就是想让人们看到我们伤残人不但生活得非常有朝气,而且也同样是生活中的强者。

从木下纪子成功的事例中可以看出,一个人虽然残疾了,但只要不断地激励自己,仍旧可以获得成功。

心灵悄悄话
XIN LING QIAO QIAO HUA

在现实生活中,我们被一件小事所鼓舞、所激励的时候极多。在那种时刻,倒也不见得用到什么激励理论,而更多的是根据自身的思想水平、人生目标和当前的迫切需要,把许多外在的因素化为自己的激励因素,这是一场面对自我的无声"较量"。

第三篇 激发创意的潜能

第四篇　构筑你的创意人生

这是一个巨变的时代。巨变时代瞬息万变，你必须有良好的应变力。这些应变力即是你人生的极大创意所在。

创意依附于头脑所创造的可能性，最无限的可能性源自于生命。如果你的生活在这个变化的时代中显得无力，也请保持对生命的希望。希望是梦想最初的投资，有了希望生命才能创造可能。

请每天给自己一个希望，希望能够使我们淡忘自己的痛苦，为我们汲取继续走向成功的力量。那些有意识倾注了坚定决心的决定，就更能让我们决定发展的方向。

为自己制定决策

不要把自己生命的领导权拱手让予外在的力量,不要对这些力量竖白旗投降。何谓领导权呢?简单地说:生命的领导权就是那股促使你选择你的目标与梦想的力量,也是驱策你迈向成功的力量。亚伯拉罕·林肯曾说过一个非常动人的故事:

有个铁匠把一条长长的铁条插进炭火中烧得通红,取出后再打扁一点,希望它能做种花的工具,但结果不如他意。就这样,他反复把铁条打造成各种工具,却全都失败。最后,他从炭火中拿出火红的铁条,茫然不知如何处理。

在无计可施的情形下,他把铁条插入水桶中,在一阵嘶嘶声响后说:"唉!起码我也能用根铁条弄出嘶嘶的声音。"

你是否像那个铁匠一样,在屡遭挫败后放弃梦想,或不再梦想呢?**其实,你可使梦想不像那阵嘶嘶声般稍纵即逝,你可以克服诸多问题,而坚持自己生命的方向。但唯一的条件是,你要学习、遵守原则——掌握生命方向,自做主宰的原则。**

这些原则专教人怎样领导自己的生命,我们很惊讶地发现,许多人对它们竟然茫然无知。其实,除非他们深通那些原则,否则,他们并不能控制局面,而受挫于那些本来可以解决的问题。应时刻提醒自己,自做主宰,掌握自己生命的领导权。

在生活中,我们的每一个决策都面临着风险,即使计划得再周密,也不可能没有风险。因此我们必须搞清楚虽然存在风险,但我们坚信决策是正确的,至少在大方向上没有错误。

我们能不能学习对自己更负责一点呢？答案是："可以！"第一步是明白这是一件很费时的事。如你要学习一门外语，你必须花相当长的时间学习，才能运用自如。对你个人的事业负责，就和学习语言一样严格。

有效掌握你自己，固然非常重要，但了解这一点已经不容易了。

希尔的学生之一汤姆在"一战"之前的一次飞机失事中失去了两条腿。他躺在医院时，已经基本上失去了意识，但是在迷迷糊糊中，他听到两名护士在对话。其中一个说："这孩子也许坚持不住了。"

一向坚强的汤姆听到这话，决意坚持下去。结果令人们大感意外，汤姆不但活了过来，以惊人的速度复原，而且再度担任战斗机驾驶员，表现非常出色，有一次甚至从德国战俘营中逃脱——只用他的两条假肢。

意志力使汤姆从死亡线上挣扎了过来。此外还有许多例子显示了个人选择与决心的重要性。在抗癌成功者中，多数都具备这样一些心理特点：拒绝放弃希望，拒绝扮演病人角色，随时准备接受新观念等。他们对生命永远具有强烈的渴望。希尔说："这些人拒绝坏消息，他们拒绝相信自己的疾病，他们拒绝让自己更了解自己真实的情况。"

我们是成功者，还表现在即便是在不知不觉状况中的个人决定，也往往比我们通常所知的，更能决定我们的现在和未来。而**那些有意识倾注了坚定决心的决定，就更能让我们决定发展的方向。**

这不是理想，也不是不切实际，许多人正是因此而改变了自己的一生。

身为电脑程序设计师的琼，宁可放弃自己的高薪职业，来攻读医学，她说："我迫切想做有长远价值的事。我决定改变整个人生方向，是经过无数痛心与悲伤才决定的，不过我现在的确很快乐。"不过，对大多数人来说，他们在某种生活形态中待得太久，所以改变对他们来说是种不能承受的冲击。举一个完全真实的例子。一位高年级的大学生由于某种原因提出暂缓考试的要求，而这一要求没有被批准，这意味着这位学生的生活将发生某种改变，于是他自杀了。令人惊异的是，在他自杀前一个月中，他很平静地写了四封遗书，这令我们迷惑不解，一个如此坚定的自杀者为什么不把这种坚定放在面对改变上呢？答案只有一个，他认为结束生命与改变生命相对，他只能选择前者。改变对他来说是件可怕的事，但是如果他认识到他是一个对自己负责的人，那么他还会如此选择吗？

我们所讲地成为成功者，不是纸上谈兵的文字游戏。我们在某个时候必须走出大胆甚至狂妄的一步——"你是决策者"，这个简单而艰难的信息是你要面对的。希尔认为，每个人，都必须作改造我们生活的重大选择，如果我们不能了解我们每个人都掌握着自己命运的道理，就会缺乏意志力去塑造一项适合我们的希望、需要和能力的事业。

一位成功的业务主管麦克是这样理解的，他说："**我学会了无论碰到如何棘手的情况，都能撑下去的技巧。其秘诀就是，从情况中超脱，从上往下看。如果只像迷宫中的老鼠那样乱窜，任何人都不可能成就一番不凡的事业。**"希尔发现，成功的事业人，似乎都能站到机会的外侧，然后巧妙地做个人决定。只是，不论作何选择，事业人一定要采取积极的态度，努力开发每一个机会。

心灵悄悄话
XIN LING QIAO QIAO HUA

> 人生最难办的事也许就是衡量自身的需要，决定是否要冒险才是对你最好的事。除了你自己之外，没有人能够评量你的冒险值得与否。你需要的是突破既有的束缚，看清自己的方向，决定自己的去路。

第四篇　构筑你的创意人生

挖掘生命无限可能性

有这样一组数据统计：一个人的正常大脑记忆容量相当于一部大电脑存储存量的 120 万倍；世界上记忆最好的人，其大脑功能使用率不足 1‰，一个人只需发挥不到 50% 的潜能，学会 40 种语言将易如反掌。**你的人生并不是缺乏创意，而是你的大脑还在沉睡。**潜意识的力量究竟有多强大？80 岁的中风老者可用拐杖击退正在攻击他孙女儿的歹徒，一个怕狗的母亲能击退一只威胁她儿子的恶犬，这都是潜能的力量。

俄国戏剧家斯坦尼斯拉夫斯基在排一场话剧时，女主角因故不能参加演出。百般无奈下，他只好让自己的大姐担任这个角色，可是斯坦尼斯拉夫斯基的大姐从未演过主角，她对自己缺乏信心，因此排演时的表现非常糟糕。斯坦尼斯拉夫斯基非常不满，他即怒气冲冲地在所有人面前说："这个戏是全戏的关键，如果女主角仍然演得这样差劲，整个戏就不能再往下排了！"这时全场寂然。斯坦尼斯拉夫斯基的话令他的大姐感到屈辱，她久久没有说话。突然她抬起头，一扫过去的自卑、羞涩、拘谨，坚定地说："排练！"自那以后，斯坦尼斯拉夫斯基的大姐演得非常自信、真实。斯坦尼斯拉夫斯基高兴地说："从今天以后，我们有了一个新的大艺术家。"

斯坦尼斯拉夫斯基的怒气使他的大姐受到刺激，积聚在大姐身上的表演潜力便迸发了，于是一个从没有演过戏的人，成了一个受斯坦尼斯拉夫斯基肯定的"大艺术家"。

美国的笛福森 45 岁以前一直是一个默默无闻的银行小职员，不但周围的人都认为他是一个毫无创造才能的庸人，连他自己也看不起自己。

然而,在他 45 岁生日那天,他受到报上登载故事的刺激,遂立下大志,决心成为大企业家。从此,他判若两人,以前所未有的自信和顽强毅力,破除无所作为的思想,潜心研究企业管理,终于成为一个颇有名望的大企业家。

很显然,报刊上所载的故事刺激了笛福森,令他企业家的潜能得到了发挥,银行小职员于是变成大企业家。

一个人的潜能开发程度决定一个人的命运如何。正如哈佛大学第 23 任校长科南特提到哈佛大学的理念时所说的那样:"对哈佛大学来说,重要的不是出了 7 位总统和 30 多位诺贝尔奖获得者,而是让进哈佛的每一颗金子都发光。"

印度流传着一位生活殷实的农夫阿利·哈费特的故事。

一天,一位老者拜访阿利·哈费特时说道:"倘若您能得到拇指大的钻石,就能买下附近全部的土地;倘若能得到钻石矿,还能够让自己的儿子坐上王位。"钻石的价值深深地印在了阿利·哈费特的心里。从此,他对什么都不感到满足了。

那天晚上,他彻夜未眠。第二天一早,他便叫起那位老者,请他指教在哪里能够找到钻石。老者想打消他那些念头,但阿利·哈费特听不进去。最后老者只好告诉他:"您在很高很高的山里寻找淌着白沙的河,倘若能够找到,白沙里一定埋着钻石。"

于是,阿利·哈费特变卖了自己所有的地产,让家人寄宿在街坊邻居家里,自己出去寻找钻石。但他走啊走,始终没有找到宝藏。他终于失望,在西班牙尽头的大海边投海死了。可是,这故事并没有结束。

一天,买了阿利·哈费特的房子的人,把骆驼牵进后院,想让骆驼喝水(后院里有条小河)。当骆驼把鼻子凑到河里时,新房主发现沙中有块发着奇光的东西。他从那里挖出一块闪闪发光的石头,带回家,放在炉架上。

过了些时候,那位老者又来拜访,进门就发现炉架上那块闪着光的石头,不由得奔跑上前。

"这是钻石!"他惊奇地嚷道,"阿利·哈费特回来了!"

"不!阿利·哈费特还没有回来。这块石头是在后院小河里发现的。"新房主答道。

"不!您在骗我!"老者不相信,"我一走进这房间,就知道这是钻石。别看我有些唠唠叨叨,但我还是认得出这是块真正的钻石!"

于是,两人跑出房间,到那条小河边挖掘起来,不一会儿便露出了比第一块更有光泽的石头,而且以后又从这块土地上挖掘出了许多钻石。戈尔康达钻石矿就是这样发现的。俄国沙皇皇冠上的奥尔洛夫钻石,就是从这个钻石矿挖掘出来的。

如果阿利·哈费特待在家里,挖一挖自己的地窖、麦田、花园,而不是历尽艰难困苦,在陌生的土地上盲目地寻寻觅觅,以致最后自杀身亡,他就会拥有自己的钻石宝地。他的农场的每一英亩,都挖出了钻石,有些钻石镶嵌在了国王和王后们的冠冕上。这好比千千万万的世人,**因为没有意识到自己身上巨大的潜能,从而也就没有找准实现目标的方向,结果与梦寐以求的东西擦肩而过。**

心灵悄悄话
XIN LING QIAO QIAO HUA

　　每个人身上都蕴藏着巨大的潜能,每个人的命运都蕴藏在自己的胸膛里。只有善于发现自己的人,才能走出命运的迷宫,找到真正的宝藏。

看到多面向的自我可能

要相信你的潜能,不要让你的自我可能性在"不可能"的魔咒束缚中消亡。

毕业生约翰在中学的时候由于平时学习不积极,成绩很差,每次考试总在倒数几名上徘徊。老师一直说他无可救药了,同学们也看不起他,为此,他一直很灰心,连他自己也觉得这辈子不可能有什么出息了。

约翰的灰心可以理解,大多数在生活中不如意的人就像约翰一样只看到那个失败不得意的自己,于是他们的未来在自己眼中便显得毫无生趣。他们并不了解,未来的其他可能正隐藏在自己的体内,我们以一种什么样的态度来面对生命,生命就会给我们以何种可能性。

期中考试刚结束,老师兴奋地在班上宣布,有住著名的学者要到班上做个实验。"这和我有什么关系。"约翰闷闷不乐地嘀咕了一句。不过,他的耳朵还是捕捉到了一句话:"知道吗?这位学者是研究人才心理学的,据说他有一种神奇的仪器,能预测出谁未来会获得成功。"这是尖子生杰克逊和他的邻桌在窃窃私语。

"这和我更没有关系。"约翰在心里想,随后出门玩去了。几个尖子生为此激动不已,他们都热切期待着这位学者的到来,并渴望看看那种神奇的仪器。

这位学者终于来了,他是个大胡子的中年人,和蔼可亲,看不出有什么特别之处。令那几个尖子生失望的是,这位学者只是到班上转了几圈便没了踪影,甚至没机会认识那几个尖子生。

老师神秘地点了 5 个同学的名字,请他们到办公室来一下,其中包括约翰。约翰紧张得很，以为自己又没考好，要去挨训，不过，尖子生杰比也在场。约翰纳闷得很，其余几个人也莫名其妙。

办公室里坐满了老师，还有那这位学者。"孩子们，"这位学者依旧那么和蔼可亲，"我仔细地研究了你们的档案和家庭以及现在的学习情况，我认为你们5个人将来会成大器的，好好努力吧。"

约翰觉得一阵眩晕，他一直以为自己听错了，可是看看在场的人的表情，他知道这是真的。从办公室出来，约翰觉得自己脚步轻松了许多，心想："原来我还有希望，这位学者是这么说的，他的预测一向是准确的，我要好好努力！"再看看其余4个人，约翰觉得他们也全部面露喜色。

"这位学者说我会成大器的，他们和我没两样"。约翰一直这么激励自己，很快，他的成绩就跃居班级前几名，当然被这位学者点的几住同学也都名列前茅。从此约翰觉得连老师为他讲解时的目光也变得喜悦起来，再也没人说他无可救药了。

17年后，约翰顺利地从哈佛大学数学系取得了博士学位。

学者的实验目的很简单，激发约翰的潜能。约翰成功的原因也很简单，他摆脱了那个只看到失败的自己，而让一个信心满满、充满朝气的自我在体内觉醒，激发了自身潜能。**潜能，是潜藏在自己体内那个未觉醒的自我。大多数人在生活中不得意的人并非没有成功的希望，只是他们看不到自己的另一面。**

一位音乐系的学生走进练习室。在钢琴上，摆着一份全新的乐谱。"超高难度……"他翻着乐谱，喃喃自语，感觉自己对弹奏钢琴的信心似乎跌到谷底，消磨殆尽。已经5个月了！自从跟了这位新的指导教授之后，不知道为什么教授要以这种方式整人。勉强打起精神，他开始用自己的十指奋战、奋战、奋战……琴音盖住了教室外面教授走来的脚步声。

指导教授是个极其有名的音乐大师。授课的第一天，他给自己的学生一份新乐谱。"试试看吧！"他说。乐谱的难度颇高，学生弹得生涩僵滞、错误百出。"还不成熟，回去好好练习！"教授在下课时，如此叮嘱学生。

学生练习了一个星期,第二周上课时正准备让教授验收,没想到教授又给他们一份难度更高的乐谱,"试试看吧!"上星期的课教授也没提。学生再次挣扎于更高难度的技巧挑战。第二周,更难的乐谱又出现了。同样的情形持续着,学生每次在课堂上都被一份新的乐谱所困扰,然后把它带回去练习,接着再回到课堂上,重新面临双倍难度的乐谱,却怎么样都追不上进度,一点也没有因为上周的练习而有驾轻就熟的感觉。学生感到越来越不安、沮丧和气馁。

教授走进练习室。学生再也忍不住了,他必须向钢琴大师提出这5个月来他何以不断折磨自己的质疑。教授没开口,他抽出最早的那份乐谱,交给了学生。"弹奏吧!"他以坚定的目光望着学生。

不可思议的事情发生了,连学生自己都惊讶万分,他居然可以将这首曲子弹奏得如此美妙、如此精湛!教授又让学生试了第二堂课的乐谱,学生依然呈现出超高水准的表现……演奏结束后,学生怔怔地望着老师,说不出话来。

"如果,我任由你表现最擅长的部分,可能你还在练习最早的那份乐谱,就不会有现在这样的程度……"教授缓缓地说。

我们往往习惯于表现自己所熟悉、所擅长的领域,而对陌生领域,抱一种恐惧的态度。

心灵悄悄话
XIN LING QIAO QIAO HUA

第四篇　构筑你的创意人生

　　不要受限于自己单个的个体生命,用各种方法触发多样的自我,体验潜能带给你的精彩人生创意,活出精彩的多样生命。

不要一味模仿他人

什么是乏味的人？"乏味"是缺乏自己的味道，是心底对生命没有热情，是对自己没有自信。一味地追随他人的脚步，白白地让自己心中的那个英雄溜走，同时也带走自己对生命的热情与信心。卡耐基曾经问素凡石油公司的人事部经理保罗，求职的人最常犯什么错误。保罗的答案是："不能保持本色，他们总不能以自己的面目示人。"**从开天辟地至今，不可能有一个与你完完全全一样的人，不必浪费太多的精力在模仿他人身上，而忽视了如何利用自己身上的潜能。**

伊丽丝小时候特别内向。她有点胖，没有办法穿上漂亮的衣服。从小她便遵从母亲"宽松衣服适合你"的意见来选衣服。她从来不和其他孩子一起活动，因为她总觉得自己与别人不一样。

伊丽丝长大了，有了幸福的婚姻。丈夫和他的家人都是自信而成功的人，伊丽丝想方设法想成为像他们那样的人，可是她失败了。于是她开始自闭，甚至想到了自杀。

伊丽丝的一生都在追随着别人的脚步，她一直都想让她自己变成像其他人一样。可想而知，失了自己的"味"，她乏味的人生让她对自己都产生了厌倦。

伊丽丝的婆婆在伊丽丝眼里是一个成功的母亲。一天，伊丽丝与婆婆聊起了关于孩子的问题，期间婆婆的一句话彻底改变了伊丽丝的人生。她说："在孩子的教育问题上，我一向坚持让他们做自己，保持本色。"

伊丽丝的婆婆是个睿智的女人，她懂得无论他人如何出色，也没有道理让自己的儿子变得与他人一样。每个人都是独一无二的。

受到婆婆的启发,伊丽丝开始研究自己的个性,开始发掘自己的潜能。她开始挑选自己喜欢的衣服和钟爱的颜色,开始用自己的方式生活、工作、交友,她不再追随任何人,她开始做她自己。伊丽丝变得快乐起来,后来她回想起来总是说:**"我真不敢相信,我竟然浪费了那么多时间去模仿别人,而忘记了自己。"**

培养属于自己的味道,每个人都是一个独特的个体。好莱坞名导演山姆·伍德说,那些不做一流的自己而只做二流的费雯丽或三流克拉克盖博的人,总是被最早抛弃。不论你的潜力有多少,你都应该是你自己。真正的人生创意一定来源于自身,而不是其他任何大师。不论我们把大师的风格模仿得多像,那也不是属于我们自己的创意生命。

著名的作曲家温欧文·柏林遇到乔治·盖歇温时,乔治还是个籍籍无名的年轻作曲家,尽管如此,欧文很欣赏乔治的才华,愿意以高薪聘请乔治当自己的秘书。正当乔治想接受时,欧文对乔治提出了建议:"我建议你不要接受这份工作。如果你接受的话,你会成为另一个欧文·柏林,二流的;如果你不接受的话,那么总有一天,你会成为一个一流的乔治·盖歇温。"

乔治接受了欧文的建议,他没有追随欧文。正如欧文所说的,后来乔治成为当时美国最重要的作曲家之一。

每个人都是独一无二的,不要让自己变成一个乏味的人。挖开潜藏的自己,你有属于自己的味道。一味地模仿别人,只能永远生活在别人的影子中。

森林里举办百鸟音乐会,节目一个比一个精彩。百灵鸟清脆悦耳的合唱,夜莺婉转动听的独唱,雄鹰豪迈有力的高歌,大雁低回深沉的吟咏……博得了一阵又一阵热烈的掌声。唯有鹦鹉不以为然,脸上挂着嘲讽的冷笑:"你们每个就那么两下子,有什么了不起?轮到我呀……哼!"终于该鹦鹉上场了,它昂首挺胸地走上舞台,神气地向大家鞠了一躬,清清嗓子就唱了起来。

第一支歌,它学百灵啼;第二支歌,它学雄鹰叫;第三支歌,它学夜莺

唱;第四支歌,它学大雁鸣……它垂着眼皮唱了一支又一支,完全陶醉在自己的歌声里。

音乐会评奖结果公布了,鹦鹉以为自己稳拿第一,可是它从第一名一直找到第十六名,也没有找到自己的名字。它不相信自己的眼睛,又从头找了一遍,还是没有找到。就这样,它仔仔细细、反反复复、一口气找了十二遍,到底还是白费劲儿。

"怎么把我的名字搞漏了呢?"鹦鹉刚要挤出鸟群去找评奖委员会问问,快嘴喜鹊一把拉住它说"你的名字在这儿呢!"鹦鹉顺着喜鹊的翅膀尖一看,它的名字竟排在名单的尾巴上。

鹦鹉难过地哭了。它满腹委屈地找到评奖委员会主任委员凤凰说:"我……我难道还……还不如乌鸦吗? 为什么把我排……排在最末一名?"凤凰诚恳地对她说:"艺术贵在独创。你除了重复别人的调子外,有哪一个音符是你自己的呢?"

鹦鹉模仿能力不弱,百灵、雄鹰、夜莺、大雁,它都能学得惟妙惟肖,可惜百鸟演唱会不是模仿秀,没有自己特色的鹦鹉注定没有立足之地。同样,人生也不是模仿秀,你不能只一味地模仿他人。你尝试过像别人那样生活吗? 还是你一直保持着自己独特的味道以自己的方式生活着? 一个乏味的人,潜能得不到最大的发挥。

心灵悄悄话
XIN LING QIAO QIAO HUA

> 不要一味模仿他人,而应积极发挥自身的潜能。你不必总和别人一样,你就做你自己,一棵森林中独一无二的树,而不是复制所得的人造盆栽。

解除思维"病灶"

　　每个人都是一个灵性的存在,但并不是每个人的灵性都能得到最大的发挥,因为惯性思维是灵性最大的敌人。我们的身体里如果长了一颗惯性的"肿瘤",你的创意血脉就会被阻塞,世界的新奇将无法进入我们的大脑,你的思维将因缺乏新鲜空气而僵化,最终天才也将归于平庸。

　　阿西莫夫是位俄国血统的美国人,一生中撰写了400部书,是世界知名的科普作家。他在《智力究竟是什么》的文章中讲述了一个关于自己的故事。

　　阿西莫夫从小就聪明,年轻时多次参加"智商测试",得分总在160分左右,属于"天赋极高者",他一直为此而洋洋得意。有一次,他遇到一位汽车修理工,是他的老朋友。修理工对阿西莫夫说:"嗨,博士! 我出一道思考题,来考考你的智力,看你能不能答出来。"阿西莫夫点头同意。修理工便开始说思考题:"有一位聋哑的人,想买几个钉子,他来到五金商店,对售货员做了这样一个手势:左手两个指头立在柜台上,右手握着拳头作出敲击的样子。售货员见状,先给他拿来一把锤子。聋哑人摇摇头,指了指立着的那两根指头。于是售货员就明白了,聋哑人想买的是钉子。聋哑人买好钉子,刚走出商店,接着进来一位盲人。这位盲人想买一把剪刀,请问:盲人将会怎样做?"

　　阿西莫夫心想,这还不简单吗? 便随口答道:"盲人肯定会这样——"他伸出食指和中指,作出剪刀的形状。汽车修理工一听,开心地笑起来:"哈哈,你这笨蛋,答错了吧! 盲人想买剪刀,只需要开口说'我买剪刀'就行了,他没必要做手势呀!"

智商很高的阿西莫夫,这时不得不承认自己确实是个"笨蛋"。而那位汽车修理工人却得理不饶人,用教训的口吻说:"在考问你之前,我就料定你肯定要答错,因为,你所受的教育太多了,不可能很聪明。"

阿西莫夫受到了前面那个聋哑人买钉子打手势的影响,所以才会在回答盲人买钉子的问题时伸出食指和中指,作出剪刀的形状。这就是思维的惯性。思维惯性指的是对某一特定活动的准备状态。它令我们在从事某种活动时能够相当熟练,甚至达到自动化,让我们的大脑不知不觉地沿着既有的方向思考,使我们只用常规方法去解决问题,而不求通过其他途径寻求突破。

惯性是人生创意的最大敌人。战胜敌人的最好方式是直面他,因此,想打破自己的思维惯性,我们须解剖自己,审视自己的头脑,看看是哪种思维惯性造成了思维梗阻。

给自己空出一周或一个月左右的时间为自己的思维方式制张表。首先,问自己两个问题:

1. 到现在为止,我的人生都遇到了哪些挫折?

2. 遇到挫折时,我的感觉是什么?当你将所有的事件与感觉写下来后,将这些事件分类,哪些是因背叛而受挫折,哪些是因情感受到的挫折,哪些是因误解受到的挫折……等。分类完毕,我们需要回过头思考,在面对同类的问题时,我们都在运用哪些模式应对。这些模式便是我们思维的固定形式,是思维的病灶。接下来的事情是,要让自己走出所经历的事情,用一种旁观者的心态来面对那些问题,再问问自己:在事件发生的当时,是否有另一种方式来解决?那样的话结果会不会更好或更糟?这件事情有没有对你的人生观产生影响?是怎样的影响?将这些问题的答案记录下来并不断反思,从中得到的发现将会成为铲除思维障碍的利器。

疏通了我们的思维,创意机制自然运行良好。

在一个家电公司的会议上,高层决策者正在为自己新推出的加湿器制订宣传方案。

在现有的家电市场上,加湿器的品牌已经多如牛毛,而且每一个都费足了心思来推销自己的产品。怎样才能在如此激烈的竞争中,将自己的加湿器成功地打入市场呢?所有的高层决策者都为此一筹莫展。

这时,一个刚进入决策层的总经理说道:"我们一定要局限在家电市场吗?"所有的人都愣住了,静听他的下文:"有一次,我在家里看见妻子做美容用喷雾器,于是就想,我们的加湿器为什么不可以定位在美容产品上呢?"

他还没有说完,总裁就一跃而起,说道:"好主意!我们的加湿器就这样来推。"

于是,在他们新推出的加湿器广告理念中,加湿器就定位为冬季最好的保湿美容用品。他们的口号是——加湿器:给皮肤喝点水。

新的加湿器一上市,就成功抢占了市场。

这就是打破思维惯性带来的好处。谁说加湿气就一定是给空气加湿的家电产品呢?换一种思维,变一个角度,新的天空便铺展在眼前。

心灵悄悄话
XIN LING QIAO QIAO HUA

惯性是思维的杀手,一成不变的思考方式将令你的生命毫无妙趣可言。要克服思维惯性,就必须先找出思维的病灶。拿出勇气向自己开刀,让创意的障碍彻底暴露于你的反思中我们才能——治愈思维沉疴。

第四篇 构筑你的创意人生

开辟创意的通道

见微知著，见叶知秋。看到一片落叶能想到一棵树、一座森林，甚至想到秋日风景的人，能真正体会人生创意的无限。发散的思维拥有最广阔的创意源泉。

一个星期天，法国著名医生雷内克瓦带着女儿到公园玩。女儿要求爸爸跟她玩跷跷板，他答应了。玩了一会儿，医生觉得有点累，就将半边脸贴在跷跷板的一端，假装睡着了。女儿见父亲的样子，觉得十分开心。突然，医生听到一声清脆的响声。睁眼一看，原来是女儿用小木棒在敲跷跷板的另一端。这一现象，立即使他联想到自己在医疗中遇到的一个问题：当时医生听诊，采用的方式是将耳朵直接贴在患者有病部位，既不方便也不科学。

他想：既然敲跷跷板的一端，另一端就能清晰听到，那么，是不是也可以通过某样东西，使病人身体某个部位的声响让医生能够清楚地听见呢？

雷内克瓦用硬纸卷了一个长喇叭筒，大的一头靠在病人胸口，小的一端塞在自己耳朵里，结果听到的心音十分清楚。世界上的第一个听诊器就这样产生了。后来，他又用木料代替了硬纸做成了单耳式的木制听诊器，后人又在此基础上研制了现代广泛应用的双耳听诊器。

雷内克瓦的思维将跷跷板与听筒器联系在了一起，这是典型的发散思维。拥有发散思维的人会用多种角度思考问题。**将问题分解开来，将自己的思维触角延伸到每一个问题点中，从而开辟新的解决之道，他的创意源泉自然拥有了众多通道。**

华若德克是美国实业界的大人物。未成名之前，有一次，他带领下属参加在休斯敦举行的美国商品展销会,但是他被分配到一个极为偏僻的角落。为他设计摊位布置的装饰工程师劝他干脆放弃这个摊位,因为在这种恶劣的地理条件下,想要成功展览几乎是不可能的。

华若德克沉思良久,他想到了自己创业的艰辛,想到了展销组委会的排斥和冷眼,他的脑海里突然涌现出偏远非洲的景象,觉得自己就像非洲人一样受着不应有的歧视。他走到自己的摊位前,心中充满感慨,灵机一动:既然你们都把我看成非洲难民,那我就打扮一回非洲难民给你们看!于是,华若德克让设计师为他营造了一个古阿拉伯宫殿式的氛围,围绕着摊位布满了具有浓郁非洲风情的装饰品,把摊位前的那一条荒凉的大路变成了黄澄澄的沙漠。他安排雇来的人穿上非洲人的服装,并且特地雇用动物园的双峰骆驼来运输货物,此外,他还派人定做了大批气球,准备在展销会上用。

展销会开幕那天,华若德克挥了挥手,顿时展览厅里升起无数的彩色气球,气球升空不久自行爆炸,落下无数胶片,上面写着:"当你拾起这小小的胶片时,亲爱的女士和先生,你的好运就开始了,我们衷心祝贺你。请到华若德克的摊位,接受来自遥远非洲的礼物。"无数的碎片洒落在热闹的人群中,于是一传十,十传百,消息越传越广,人们纷纷聚集到这个原本无人问津的摊位前。强烈的人气给华若德克带来了生意和潜在机会,黄金地段的那些摊位反而遭到了人们的冷落。

华若德克为自己找到了一个特殊的"点",那就是将自己的特殊位置加以利用,赋予新的定位与含义,以吸引顾客。发散思维是有独创性的,它表现在思维发生时的某些独到见解与方法。它有着巨大的潜在能量,它通过分解问题,搜索所有的可能性,然后激发出一个全新的创意。**这个创意重在突破常规,它不怕奇思妙想,也不怕荒诞不经。**

高露洁是享誉世界的品牌,但其牙膏产品当年投产上市后,销售业绩一直很差。该公司的管理层公开登报征求推销术。刊登的征求广告内容如下:谁若能使高露洁牙膏的销路大增,重酬 10 万美元。

这则广告连续登出一个月后,高露洁牙膏公司收到了数千份应征书。

但绝大多数来信都是围绕着如何提高牙膏的质量、加强营销、增加广告等传统方法。高露洁公司都不看好,均没有采纳。但有一封来信很特别,他的思维方法与众不同,其提出的增加销路的建议仅仅两行字:只要把高露洁牙膏的管口放大50%,那么消费者每天在匆忙中所挤出的牙膏,自然会多出一半,牙膏的销路自然会激增。这个简单的方法,很实用。看到这封来信的人都拍手称好。于是这一方法中选了,此人得了10万美元奖金。

高露洁矛膏公司依计对牙膏的管口做了改变后,果然销量大增。该公司顺着这个势头,大张旗鼓地进行广告宣传,使其销售市场的占有率也迅速扩大。

让思维的触角沿着可能存在的点尽量向外延伸,让自己站在可能的点上去看不同方向上的人生版本。不同的问题以一种不同的态度去解决、面对,可以补足我们多面向的生命创意,而只有一种面向的生命很难拥有最精彩的结果。

心灵悄悄话
XIN LING QIAO QIAO HUA

　　生活中所有的事物都不是单独的存在,任何看似随机无意义的关联总有它背后的意义,请扩散你的思维触角,发散式地搜索事物间的任何可能联系。

思想催动大脑进化

让大脑得到最快进化的是我们的想象力。日本的高桥浩认为,天才人物是那些积极主动地运用自己幻想的人,在思考问题时总是用幻想来开道。他们能够在遥远彼岸获得启示之后再返回到现实之中,具有极大的思想跨度。毛姆则认为,想象力是独创力的基础。想象力的能量无穷,它会让我们走到未来,让知识起飞。**把想象力放在正确的地方,可以让我们突破旧有的思维模式,创意将突破时空界线。**

早在 20 世纪初,捷克作家卡莱尔·卡佩克就写过一部名叫《万能机器人》的剧本。在这部话剧中,他想象人类可以制造一种机器假人,而这些假人可以帮助人们做工。别小看这只是想象,现在,卡佩克设想的机器人已经初步制造成功,它们正在一些工厂的流水线上工作。还有的机器人居然可以代替人进行作曲、画图、写作等智力工作。

创意就是让人们想那些不敢想的,做那些不敢做的事情,也就是自由、任意地发挥自己的想象力。开始时,也许是空想,但如果你能全力以赴地为之奋斗,也许理想就能变成现实。

纳克·昌德是印度一个平凡的公路巡查工,他负责管理的一条公路附近有一个占地两英亩的垃圾场,随着城市建设的发展,这个垃圾场渐渐成了一座肮脏不堪的垃圾山。

如何改变这座垃圾山呢? 他苦思冥想,但总没有好的办法。有一天,他忽然想到:"人人都希望有个漂亮的地方,但像我这个两手空空的普通人,又能搞出什么名堂呢? 可是我有爱美的天性,爱创造点美的东西,就让我在人们弃之不要的东西中创造我的美梦吧!"

他说干就干,不怕别人说他异想天开,开始在这个垃圾场中建造花园。他认为这个垃圾场完全具有建成一个理想的岩石花园的先天条件。在这块七高八低的垃圾场的地下,有一股注入苏卡纳湖的暗流,地上的小股水流朝着一个方向汇成一条小溪。他就用碎玻璃、陶瓷片及五颜六色的鹅卵石和石块为原料,拼成镶嵌的图案把这块地方打扮起来。建造的这座花园包括了许多层次,按照古希腊厅堂的式样建成的拱廊和弯曲的通道纵横交错,每拐一个弯就迎面给人一种新奇的感觉。巧妙的构思和完美的布局,使这些无生命的石块仿佛充满了活力,凡参观过这个垃圾场花园的人,无不惊叹。他一下子就出名了,从一名最普通的公路工,摇身一变而成为一名推销商,经常应邀到外国去举办废品艺术展览。

正是纳克·昌德的"异想天开"成就了他一生的事业。**一个缺乏丰富想象力的人,他的思想内容是贫乏、平淡无奇的,往往只能从单一的方面去展开想象;而想象力丰富的人,总能对于同一问题能够从不同的角度发挥自己的想象力,从多方面去思考。**

法国著名化妆品公司——香奈尔公司,它的发展壮大就是得益于一名员工的想象。

创立之初的香奈尔公司没什么名气,产品滞销,公司陷入困境。这时,销售部的一位员工突发奇想,并把想法向香奈尔汇报,立即得到了老板的大加赞同。

没过几日,在巴黎《日日新闻》上人们看到了这样一则广告:香奈尔化妆品公司精选 10 名丑女将在星期六晚上在巴黎大舞台与诸君见面。广告刊出后,一时间被传为奇闻。届时到场参观的人非常多。帷幕拉开,丑女们一个个鱼贯而出。果然,一个个都长得奇丑无比。观众们顿时嘘声一片,大家无不惊叹:"竟然会有这么丑的女人!"这时,只见香奈尔女士笑容可掬、神态自如地走上台,对大家说:"为了展示本公司化妆品的功效,请诸位朋友稍等片刻,让丑女们化妆,以谢诸君。"过了一会儿,随着幕布再起,丑女们一个个涂脂抹粉,霓虹灯下果然是另一番模样。观众无不叹服,自此香奈尔公司生产的化妆品在市场上成了畅销货。

香奈尔的员工告诉我们,想象力让我们的思维变得活跃。正如美国著名心理学专家、成功学大师安东尼·罗宾斯所认为的那样,想象力能带领我们超越以往范围的把握和视野。想象对我们每一个人都很重要,如果在工作中缺乏想象,我们就很难做出令人信服的创意。许多作家在创作时也往往让自己的视觉、听觉、味觉、触觉等各种感观都搭上想象的快车,让自己的大脑达到新一层的境界。法国作家福楼拜说,当他描写包法利夫人自杀时,就曾生动地感觉到了自己口中砒霜的味道。世界大文豪托尔斯泰的想象生动性更是发展到了极致,以至于他有时会把过去经历的事情和想象的东西混淆起来。俄国著名作家冈察洛夫说:"小说中的人物常常使我不能安静,他们紧紧跟着我。我听到谈话的片段,常常认为这不是自己想象出来的,而就发生在身边。"

心灵悄悄话
XIN LING QIAO QIAO HUA

　　想象力让未来的世界进入我们的大脑,让我们的思维突破旧的格局。创意或生活若失去了想象,我们谁都无法走远。

第五篇　绽放内心的创意灵性

　　最妙的发明与想法有时取决于你是否能把自己的灵性充分发挥并且运用到正确的地方。内在的直觉能为我们创造最大的成功可能性。负面念头,通常是不好的、消极的想法。当然,喜怒哀乐是一个正常人都会有的情绪。负面情绪不可能没有,也很难避免。但是当负面念头在自己的脑海时,要学会排解,学会自我的心理调试。

　　在特定的情景、意境中,灵感就会闪现。当然,灵感的降临并不是毫无基础的,它常常是基于个人平时的积累和储备,才会在某一时刻被激发。这就要我们平时有意识地增加自己的知识储备、勤于动脑、善于思考。

抓住闪现的灵感，让创意变为现实

当我们搞策划、写文章的时候，常常会觉得自己文思枯竭，冥思苦想、搜肠刮肚却无从下笔。而在不经意的时候，又会觉得当时文思泉涌、豁然开朗，这时其实就是我们思维中的灵感出现了。**灵感是创造力、想象力的源泉，往往能够打破平时的思维桎梏，而闪现出智慧的火花，创造出意想不到的奇迹。**

曹植"七步成诗"的故事就是在自己灵感被激发的情况下写出来的名篇。

曹操死后，他的长子曹丕继位、曹丕生性多疑，唯恐几个弟弟与他争，便先后借口逼死了两个弟弟，唯独剩下三弟曹植。一天，曹丕命令曹植在大殿上走七步后，就必须以"兄弟"为题吟诗一首，诗中不能出现"兄弟"二字。如果曹植做不到，就要被杀掉。曹植才华横溢，平时酷爱作诗，常常是出口成章。他听完大哥的题目后，此情此景激发了他的灵感，随即吟出了"煮豆燃豆萁，豆在釜中泣。本是同根生，相煎何太急"。这首诗非常生动形象地表达了曹植对哥哥无情残害的悲愤。曹丕听完也深受触动，放曹植一条生路。

曹植在极其短暂的时间内就吟出了这首诗救了他一命。这首流传至今的名篇是曹植在曹丕想无情残害自己的境况下做出的，这种情境激发了他的灵感。今天，灵感的闪现也会有助于人们的成功。随着人们需求的多元化，社会上相应地也衍生出来很多新兴行业。美甲就是其中之一，这个看似简单的手艺，其实也需要类似艺术家们的创作灵感才能在市场上占据一席之地。

近几年美甲行业悄然兴起，大街小巷的美甲店也如雨后春笋涌现出来，很多爱美的女士都会经常走进美甲店。从小就喜爱画画的李萍也通过美甲技术学习开起了一家美甲店。要知道美甲店的成本虽然不高，但是对美甲的手艺要求相当高，尤其是在美甲的"装饰"环节，很多顾客都希望指甲上的图形是独具匠心的。因此，优秀的美甲师也要具备艺术家搞创作的灵感，能够根据客人的手形、指形即兴创作，这才能够招徕回头客。经营一段时间后，李萍就体验到竞争的激烈，仅自己这条街上就有四五家美甲店，竞争的激烈程度可想而知。而且，这条街上的顾客都是回头客，要想站得住脚，就要千方百计满足顾客的需求。于是，李萍就下定决心一定要创作出好的指尖作品，她经常阅读各种杂志、平时留意每位顾客的喜好.时间长了，顾客能惊喜地发现，李萍每次来都能够根据她们的指形，创作出风格迥异，而又与自己气质吻合的图案，她的美甲店生意就兴隆起来了。

试想，如果李萍仍然延续守旧、落后的图案，不能激发自己的创作灵感，可能很快就要关门歇业了。很多时候，大家每天所接触到的事物都没有差异，存在差异的是不同的人对来自生活的信息、材料的加工程度是不一样的，这也就成就了不同的人生轨迹。**有心人常常能够激发自己的灵感，有效地将来自生活中的素材巧妙地组合起来。**

俄国作曲家柴可夫斯基曾经说过："灵感是这样一位客人，他不拜访懒惰者。"的确，灵感常常会不期而遇、稍纵即逝。当你有灵感闪烁的时候，不要轻易放走它们，要学会捕捉住日常生活中闪现出来的灵感。其实，抓住灵感并不是很难的事情。关键在于你有没有捕捉的信心。一旦脑子里有新想法、新理念迸发出来的时候，就马上把它们记下来。经过天长日久的积累，这些灵感就会常驻你的脑海。一旦需要的时候，就随手拈来，使你受益。当然，捕捉住灵感，不是要把它固定在纸面上，而是要重新再回到我们的脑海中，充分发挥想象力、联想力才能发挥它的作用。

"潮流"的定义就是流行趋势的动向。从社会的角度来说，就是社会变动或发展的趋势。潮流总是动态的，不断发展变化的，没有一成不变的潮流。我们身处的时代涌动着一波又一波的潮流，谁能够敏锐地嗅到潮流变化的契机，谁就能够捕捉到市场上的商机。

每年除夕夜的央视春晚，都是中国人春节期间的一道视觉盛宴。人们关注春晚并不是局限在节目正式播出的几个小时里，距离春晚还有两三个月的时候，社会对春晚的关注度就很高，从舞台的设计、导演、主持人的安排、明星的参与、演员的服装、道具都会成为人们纷纷猜测的焦点。节目播出后，还会有一两个月的时间，社会还会沉浸在对春晚的评头论足上。于是，有很多精明的商家就会不失时机地抓住这个商机大赚一把。在 2010 年的春晚上，最受人们关注的节目中演员的服装、道具就制造出了很大的商机。王菲的美瞳、桃红色裤袜、连衣裙，牛莉的粉红色大衣甚至手机链，刘谦的纸牌等都成为春晚后商家热卖的产品。仅王菲穿过的同款连衣裙，在网上价格就从三四十元到两三万元不等。那些早早嗅到春晚信息的商家，很早就备好了货物，等到公众的需求释放出来的时候，自然赚得盆满钵满。

凡是成为潮流，大部分都是受到了社会大众的欢迎。春晚更是社会风尚的风向标，尤其是年轻人往往成为引领潮流的领军人物，他们的喜好往往能够在购物上得到淋漓尽致的表现。精明的商人就是抓住了这点，巧妙地借助于人们对春晚的高度关注来应对。

目前，网上购物作为新兴的购物方式，越来越受到人们的推崇。香港首富李嘉诚就曾经说过，互联网是一次新的商机，每一次新的商机的到来，都会造就一批富翁。每一批富翁的造就是：当别人不明白的时候，他明白他在做什么；当别人不理解的时候，他理解他在做什么；当别人明白了，他富有了；当别人理解了，他成功了。今天，网上赚钱也是新生事物，在很多人还不了解的时候，你开始行动，你便抢占了商机，占领了市场的制高点。早一天了解，你就早一天离成功更近！互联网如今已经成为现代生活不可或缺的一部分，随之而来的就是一系列新兴行业的兴起，为服装模特拍照的网络摄影师就是其中的一种。

王伟在读高职期间，学的是摄影专业，毕业后，发现影楼遍地都是，竟争也是相当激烈，利润空间已经很小了。正当他徘徊不定的时候，上网看到如今网络购物相当火暴，呈现出逐渐发展壮大的态势。这时他就开始考虑可不可以围绕这个新兴的行业找到自己今后的职业方向。经过一段时间的考察，他最终决定从事网络摄影，并用认定这是一个蕴藏着无限发展潜力的职业。于是，他开始在网上和很多网上商铺的买家接触，当时，网店刚刚兴起，很多买家都需要精美的图片来向网民展示自己的产品，而很少人看好网络摄影师这个行业，所以王伟很容易就得到了一家网店的订单。几年下来，凭借着王伟专业的摄影技能和良好的沟通能力，他很快就成为行业内口碑不错的摄影师，几乎每天都有业务，最多的时候一天拍了 200 多套照片。每套照片的利润从 20 到 300 元不等。而在旺季的时候，月收入能高达三四万元。

心灵悄悄话
XIN LING QIAO QIAO HUA

在特定的情景、意境中，灵感就会闪现。当然，灵感的降临并不是毫无基础的，它常常是基于个人平时的积累和储备，才会在某一时刻被激发。这就要我们平时有意识地增加自己的知识储备、勤于动脑、善于思考。

勇敢跟随直觉突破现状

孟子曾说生于忧患、死于安乐。青蛙在突然身处险境的情况，反应非常敏锐，成功脱身；而置身于舒适安逸的环境里，却对逐渐来临的险境无从察觉，反应迟钝。对于我们人类来讲，同样如此，我们常常会在安逸的生活中，不思进取，满足于现状，这时我们的人生其实也就随之停滞了。**安逸的环境固然使人感到舒适，但是也在一点点消磨人的意志，到头来是一事无成。**

很多人都知道用青蛙做的这个实验。当把一只青蛙扔到一口滚烫的油锅里，青蛙浑身被高温灼伤、痛苦难忍，于是它用尽了最大的力量纵身一跳，逃离了油锅。之后，又准备了水温适宜的水锅把同一只青蛙放进去，青蛙感到很舒适，当水锅在逐渐加热的时候，它却浑然不觉。到最后，水温到了青蛙难以忍受的临界点青蛙却没有能力跳出水锅，死掉了。

当然，也并非只有逆境才能催人奋进。当你对于眼前错综复杂的境况无从下手，就要凭借自己的直觉，勇敢地去尝试。人们常常能够在直觉的引导下，显出非凡的创造能力，发挥出出人意料的潜能，开拓出一条成功的道路。

如今，互联网已经大大改变了我们的生活。而每次互联网浪潮袭来的时候，都会成就很多人的创业梦想，马云、张朝阳……都是其中的佼佼者。当开始刮起网上团购风的时候，王兴又一次脱颖而出。王兴曾经创办了校内、海内、饭否、美团，由于诸多原因海内、饭否被关闭了，至今将美团视为重心。当团购还没有深入到中国人意识中的时候，美团已经为进军这个领域进行了积极的准备。他认为团购的形式满足了现代社会的人们追求物美价廉、方便快捷的需求，蕴藏着无限的商机。的确，如今美团已经有很高的市场占有率。

王兴公开表示，自己创业都凭直觉。很多人跃跃欲试地要进军互联网行业，为了能够准确把握方向就多次向专家、权威进行论证。王兴则不这么看，他认为自己没有很多的时间、精力去研究论证，一直都是凭借自己的直觉去做事。**凡是直觉认为可行的，就义无反顾地去做。做事的标准：有益、有趣、有利。**他所谓的直觉并不是随机拍脑袋拍出来的，而是建立在自己对这些事物有着深刻理解和认识的基础上才做的。也就是说，他的直觉来自自己平时积累下来的经验，只有在深入地了解、不断地思考的基础上才能形成自己的判断，而不是一味盲从于他人。

也有很多人认为直觉是人的第六感觉，没有确切的根据而做出的。直觉在我们的生活中是难以捕捉的，来无影去无踪，往往会在人们不经意之间出现。直觉是能够给我们带来惊喜的。

当然，它不是凭空而来，是在潜移默化中由自己的阅历、学识、能力等多方面的因素综合而成的，因此要学会培养自己的直觉，让直觉来引导自己走上成功之路。

梦是人类在进入睡眠状态的时候，在不自觉者中产生的一种想象。梦是多种多样的，有时出现的是平常事物，有时则是完全超现实的事物。梦境常常会激发我们的灵感，使我们能够体验到在非睡眠时间体验不到的情境。

中国就有"日有所思，夜有所梦"的俗语，这也是人们在长期生活中的经验积累。我们在白天思考过的痕迹，往往会留在我们的脑海中，在睡觉的时候，这些素材在梦境中没有规则地随意组合，常常会闪现出白天无法想到的东西。待人们清醒后，发现梦中的启示。

一个公司的员工家境一般，他个人的能力也很平常，因此，只能过着工薪阶层的生活。日子虽然不算富裕，但是还是比较幸福、和谐的。他有时就奢望自己过上有钱人的生活，住上别墅、开上跑车、购物时不用再去比来比去算计价钱。一天，他晚上加班后，在回家的路上竟然意外地捡到一个鼓鼓的钱包。他飞快地跑出家，发现里面有十万元现金，他欣喜若狂觉得自己也算美梦成真。虽然没有捡到更大的数目，但是这笔钱还是能够满足自己一些平时不能实现的梦想。但是，他发现自从捡到这笔钱的那天晚上开始，他就没有一天睡踏实过，经常做噩梦。要么是被警察抓住了，他被判刑入狱；要么是失主发现了他，纠结了一帮人把他暴打一顿；要么是钱又被窃贼偷走了。在噩梦的缠绕下，他精神状态很不好，精神恍惚，甚至出现了幻听幻觉的苗头。最终，他觉得自己是没有这个命消受这笔钱，还是把钱上交给了警察。上交之后，他随即就从惶恐之中解脱了，晚上睡觉也不再做噩梦了。

这个职员的噩梦其实也是他内心的一种声音。他本是个本分过日子的普通人，虽然也奢望天上掉馅饼，但是真捡到了钱之后，他的内心深处也是惶恐不安的，整天处于内心的纠结和挣扎之中，一方面垂涎这笔钱，另一方面又害怕遭到惩罚，并承受着良心的谴责。而他的内心活动都在梦中得到了再一次的展现。梦中遭受的惩罚也都是有可能遭遇到的。所以，他在梦的启发下，把钱上交出去也就摆脱了内心的纠结。

梦常常对艺术等方面激发出灵感。日本电影导演黑泽明在晚期曾经执导了一部经典之作《梦》。

《梦》这个影片是由八个近乎没关联的梦组合而成的，分别包括日照雨、桃园、风雪、隧道、乌鸦、富士山、鬼哭、水车村八个梦境。以其中的水车村梦境为例，从一名游客的视角出发来看人与自然的关系。水车村是远离都市的乡村，来到这里的游客看到这里有葱茏的绿树、潺潺的流水，丝毫没有被工业文明所侵蚀，到处洋溢着宁静祥和的自然之美。年逾百岁的老人表达了他对工业社会的不解："黑夜本来就是黑的。为何要让电灯把它污染得亮如白昼呢？"科技固然大大方便了我们的生活，但是我们很少反思过科技也让我们失去了很多。对此，老人说道："人们总是以为方便最好，忘记了新鲜的空气和清晨清澈的水才是真正需要的东西。活生生的树砍掉了太可惜，我们就弄点树枝，当然，牛粪也可以。种田不是有马和牛吗？这是一个完全自然的地方，这里没有科技的噩梦，人们不

必担心哪天会遭遇毁灭。"

　　古稀之年的黑泽明其思想并没有放缓,他穷其毕生的阅历和睿智,不断地去思考人类生活的重大主题,社会、自然、战争、人生。黑泽明不愧是"电影皇帝",他借用梦的方式来向人们表达他对人类生活的反思。影片包含着很深刻的哲理,很多人在看完之后很长时间以来都陷入了深深的反思之中。

　　在梦中我们常常会体验到现实生活中不可能遭遇到的事情。正因为如此,它就能够在事情尚未发生的时候,给我们发出预警,让我们的生活变得更加理性、真实。

心灵悄悄话
XIN LING QIAO QIAO HUA

　　直觉是人类的一种特殊的思维方式,直觉能够突破惯常的思维方式,迅速地对眼前的事物进行综合判断,从而展现给我们新理念、新想法。

挖掘你的潜能

一个人的自信、勇气常常能够产生无穷的能量，激发着他充分挖掘自身的潜力，义无反顾地朝着自己的梦想奋斗。反之，如果对自身持怀疑、否定的态度，也就抵消了自己挑战困难的勇气，消磨掉了自信，最终也就抵消了梦想成真的轨迹。

世界著名地走钢索的选手卡尔·华伦达曾说："在钢索上才是我真正的人生，其他都只是等待。"他总是以这种非常有信心的态度来走钢索，每一次都非常成功。

但是1978年，他在波多黎各表演时，从25米高的钢索上掉下来摔死了，令人不可思议。后来他的太太说出了原因。在表演前的3个月，华伦达开始怀疑自己"这次可能掉下来"。他时常问太太："万一掉下去怎么办？"他花了很多精力以避免掉下来，而不是在走钢索，结果失败了。

可见，当华伦达过分担心自己失败的时候，这种心态已经占据了他的脑海，他把精力都集中在如何避免失败以及失败后事情如何处理上来，导致自己无法正确面对走钢索的事情。在事情尚未发生的时候，他已经在自己的内心里开始制造失败，结果就会使自己距离失败越走越近，而距离成功越来越远。过分地怀疑自己，最终酿造了梦想破碎的苦果。

攻读英语专业研究生的王同，在学校期间学习非常认真刻苦，学习成绩几乎每次都是名列第一，他过硬的专业水平得到了同学、老师的一致认可。研究生毕业后，王同如愿以偿地应聘到一家外文报社工作。由于他毕业于名牌大学而且成绩非常优秀，因此在王同刚开始入职的时候，单位的领导就对他寄予了很大的期望，安排他为专门从事英语的口译工作。

起初，几家国外的报社前来单位交流、洽谈业务，领导安排王同进行翻译。没想到，他的表现让大家颇为失望。在会议刚开始的时候，平时稳健、从容的他居然手忙脚乱，说话都语无伦次，甚至头上都冒出汗来了。领导看他非常紧张的样子，以为他身体不舒服就安排他休息，请别的同事代劳。后来，又遇到两三次这样的场面，让同事们也颇为怀疑他的能力，都在暗自嘀咕他的专业水平是否属实呢？领导私下里悄悄地和学校的老师进行核实，老师们一致证实他的水平。领导找他推心置腹地谈话，希望能够发现问题的所在。原来，王同在工作后，为自己定下了很大的目标，希望自己每件事都能够做得完美无缺。而另一方面，一到关键的时候，他总是无法控制地怀疑自己的能力。明明完全有能力处理的事情，却紧张得要命。尤其是在遇到单位里的几次重要安排，他希望自己能够一展才华，可是却又总是在怀疑自己是否能够胜任，不断在内心里强化这个念头，结果事情是越来越糟。

王同过硬的英语实力是无可否认的，却难以胜任重要场合口译任务的原因就在于过分地怀疑自己的能力所导致。对于刚刚研究生毕业的他来说，为自己定下奋斗的目标原本是无可厚非的。但是，另一方面，他又没有学会自我心理调适，越是对自己在关键场合的表现寄予很高的期望，使他越容易丧失自信，竟怀疑起自己的能力来。

一个人的能量总是有限的。如果将自己的能量都耗费在怀疑自己、否定自己上，就把实现自己梦想的可能毁灭了。做任何事，不要在心里制造失败，我们都要想到成功，要想办法把"一定会失败"的意念排除掉。一个人想着成功，就可能成功，想的尽是失败，就会失败。成功产生在那些有了成功意识的人身上，失败根源于那些不自觉地让自己产生失败的人身上。只要踏踏实实地用自己的行动把事情有可能出现的瑕疵或者困难、障碍——克服,,就能让自己的梦想成为现实。

如果自己不幸遭遇到了别人近乎无理的抱怨、批判，你是忍气吞声地承受这一切，还是用以牙还牙、以暴制暴的方式反击对方？可曾想过在逆境中，积极地寻求有利于自己的因素，用改造取代抱怨、创造取代批判，从被动转为主动,反败为胜呢?

在英国麦克斯亚洲的法庭上,曾发生过这么有趣的一幕:一位中年妇女声泪俱下,面对法官,严词指责丈夫有了外遇,要求和丈夫离婚。她对法官控诉了自己的丈夫,指责他不论白天还是黑夜,都要去运动场与那"第三者"见面。法官问道:"你丈夫的'第三者'是谁?"她大声地回答:"'第三者'就是臭名远扬、家喻户晓的足球。"

面对这种情况,法官啼笑皆非,不知如何是好,只得劝这位中年妇女说:"足球不是人,你要告也只能去控告生产足球的厂家。"不料,这位中年妇女果真向法院控告了一家年产20万只足球的足球厂。

更让人意想不到的却是这家被人控告到法庭上的足球厂,他们在接到法院的传票后,不怒反喜,竟十分爽快地出庭,并主动提出愿意出资10万英镑作为这位中年妇女的孤独赔偿费,这位太太破涕为笑,在法庭上大获全胜。

由于英国是现代足球的发祥地,国人对足球的酷爱几乎达到了发狂的地步,这场因足球而引起的官司自然在全英国产生了巨大的轰动效应,新闻媒体纷纷出动,做了大量的报道。

头脑精明的经理,敏锐地利用了一次偶然事件(甚至原本是一件非常糟糕的事情)大做文章,没花一分钱的广告费,却让他和他的足球厂名声大振,闻名遐迩。

这位足球厂经理在接受记者采访时说:"这位太太与其丈夫闹离婚,正说明我们厂生产的足球魅力之大。并且她的控词为我厂做了一次绝妙的广告。"后来,这家足球厂的产品销量直线上升,获利颇丰。

拿破仑认为:"比对手早到五分钟抢占制高点,才能无往而不胜。"

曾经为这家足球厂打抱不平的人这才意识到付出的10万英镑是非常值的。英国这家足球厂非常巧妙地利用原本自己吃亏的控诉,让自己反败为胜,赚取了不菲的利润。

格力开始起步的时候,也仅仅是个一个年产2万台窗式空调的小厂,如今已经发展成为国内同行业的龙头企业,在空调行业已经占有很高的市场占有率。在 1994 年之前,格力还没有完全具备自主研发的能力。在这一年,格力决定不再沿袭国外名牌产品的生产方式,而是开始自己独立开发设计空调。随着物质生活水平的提升,人们对于空调的要求也不断提升,从基本的制冷到省电、低噪音、美观等。面对日益要求苛刻的市场,格力从顾客的要求出发研制新产品。起初格力设计的空调制冷效果好,缺点就是噪声大。安装在家庭、办公室等空间,就会带来很大的噪音,引发了消费者的不满。后来,格力对消费者的不满、抱怨、批评认真加以对待,并提出了"想消费者之所未想"的经营方向,重在通过技术创新,创造市场。结果格力研发出来的产品总是比同行业的产品领先一步在市场上出现,相继开发出来的灯箱柜式空调、家庭中央空调、分体式天井空调等都深受消费者的欢迎。格力创造奇迹的源泉就在于不断改造技术,追求产品创新。

享有"经营之神"美誉的松下幸之助就非常注重创新,他认为要想占领市场,必须比竞争对手"先行一步"。

心灵悄悄话
XIN LING QIAO QIAO HUA

的确,在技术更新换代不断加剧的今天,没有产品改造、技术创新的意识,一味模仿竞争对手,就永远难以超越对方,创新才是永葆生机的动力源泉。

改变你自己

刘禹锡的名篇《陋室铭》有就有"谈笑有鸿儒,往来无白丁"。意在表达作者即使身处陋室,但是与之交往的人都是有高尚情操、品质高雅的人士。与优秀的人接触,自然会潜移默化地受到他人的影响。相反,经常与劣迹斑斑的人为伍,难免也会沦落为品行低下的小人,真正能够做到"出淤泥而不染"的人毕竟是少数的。

的确,人都希望能够与品行高雅、学识渊博的人交往,能够从他人那里学到点东西,但是有时会适得其反,难以与人进行深刻的交流、切磋,原因就在于不知道你要想吸引什么,就让自己先变成什么的简单道理。

宋代有一位著名的大慧禅师,门下有位弟子道谦,参禅多年,却始终无法开悟。一天晚上,道谦诚恳地向师兄宗元诉说自己不能悟道的苦恼,并且请求宗元帮忙。

宗元说:"我能帮你的,当然乐意之至,不过有三件事我无能为力,你必须自己去做!"道谦连忙问:"是哪三件?"

宗元说:"当你肚饿口渴时,我的饮食不能填饱你的肚子,我不能帮你吃喝,你必须自己饮食;当你想大小便时,你必须亲自解决,我一点也帮不上忙;最后,也是最重要的一点是,除了你自己之外,谁也不能驮着你的身子在路上走。"

道谦大悟,因为他感到了自我的力量,也决定善用自己的力量。

和道谦参禅一样,我们有很多事情都是别人无法替代的,必须要依靠自己的力量来解决。寄希望于别人,纵使别人有意为之,恐怕也是难以实现的,做再多的努力都是徒劳。**当然,提升自我、追求进步的过程,也是充**

满曲折而坎坷的，往往是人们在经历了挫折，在无情的现实中四处碰壁之后才能够领悟到。

刚刚研究生毕业的方明到某高校任教，自以为学术功底扎实的他在教研活动中才感到自己很多理论知识都与实地调研挂不起钩来，而且都与学科的前沿理论也知之甚少。意识到这些之后，方明也没有下定决心奋起直追，而是仍然心不在焉地认为还可以凭老底混几年，趁年轻先好好玩玩再说。后来，他才发现这么下去并不是办法。因为在教研室进行学术讨论的时候，其他同事都能够侃侃而谈发表自己的观念，唯独自己常常没有成熟的看法，这时他都会感觉到同事对他怀疑的眼光。遇到教研室申请下来的国家社科基金的课题，老师们要分为几个子课题，方明非常想和理论功底深厚、学识渊博的资深教授一起，却被人家婉言拒绝；只给自己分配了行政助理的任务。在遇到学科内的高端会议，由于那些资深专家、教授交换观点很难懂，他自然也很难参与进去，更谈不上发表自己的观点，也很难有人认识自己。这使他深刻认识到了，自己学术水平不够，就很难得到大家的认同和肯定，就不可能进入到学术界的核心圈子里去。认识到这点以后，他开始下功夫钻研学术、潜心搞调查研究。在这个充满寂寞的、孤独的过程中，他也体会到了钻研学术的快乐、愉悦。功夫不负有心人，两年的时间里他就发表了4篇核心期刊的学术论文，令同事刮目相看，并被学校优先提拔为副教授。这时，愿意与他切磋、交流学术观点的学者、专家也就多起来了。

如果你想与雄鹰共处，那么你就要自己先练就高超的飞翔技术，这样才会得到雄鹰的赏识。方明是明智的，当遇到类似情境的时候，可以反过来站在对方的角度来思考问题，不可否认。在工作中，大家都希望能够与业务水平高深的人一起交流，能够提升自我，而不屑与水平低下的人为伍。中国有句古话"近朱者赤，近墨者黑"，其实，也就是这个道理。

物以类聚，人以群分。一个人的道德、能力、学识都能够从他交往的圈子中管中窥豹。你要想吸引什么，就让自己先变成什么。既然难以改变别人，就先改变自己，这样才能赢得别人的肯定和尊重。

现代社会，人们的物质生活水平大大提升，基本上不再为温饱而发愁。从小衣食无忧的年轻人，很难体会到危机的存在。当年少轻狂的少年，依靠着父母的供给，穿着时尚、前卫的衣服，骑着摩托车一溜烟地从大街上穿过，人们可以用青春、阳光来形容。而到了三十而立的年龄，仍然向父母伸手要钱，自己就会感到苦涩、空虚。能够自给自足，才能体会到奋斗的喜悦，让自己瞬间拥有满足。

宋超大学毕业后，进入一家杂志社工作，拿着一份别人看来还不错的薪水每月5500元。但是，他却成了名副其实的月光族，不但不能自给自足，还需要父母经常的接济才能生活下去。他虽然参加工作的时间并不长，但是在吃穿用方面都非常的大方。每个月要交房租1200元；经常喜欢和好友下馆子吃饭，每月至少要1000元；而在用的方面他也毫不吝啬，衣服基本上都要是名牌的，还要是新品上市的，对于商场里销售的过季产品他通常是连看都不愿看的。对于父母的接济，他也觉得心安理得，家里就他这么一个独生子。父母挣来的钱不给他，还能给谁呢。天有不测风云。一向身体很好的父亲突然生病住院了，不仅花光了家里的积蓄，还向亲戚朋友借了一些钱。这一下子让宋超感到了前所未有的压力，他突然之间意识到父母年事已高，已经很难在社会上谋职，他们只是在花退休金度日。而以后家里的责任就要由他来承担。经历了这件事后，他成熟了很多，在消费上也大大降低了标准，这才发现，其实每个月的工资还是可以做很多事情的，不但可以不再向父母伸手，还可以给父母一些钱，这也使深深地体会到了，依靠自己奋斗得来的喜悦。

类似宋超的年轻人并不在少数，从小由于父母的疼爱，生活可谓衣来伸手饭来张口，已经习惯了依靠父母的生活。即使自己已经大学毕业后，仍然没有意识到自己应该独立自强地生活，甚至应该来回报父母，替他们分担忧愁。大好的青春年华，就在挥霍青春、金钱中浑浑噩噩地度过了。**父母终会老去，当他们难以给你提供支撑的时候，扪心自问自己是否有足够的能力来自立自强、成为家庭、社会的中坚力量来抵抗风雨的侵蚀。**

刘洋大学毕业时，社会上的就业压力就相当突出，大学生的就业问题相当严峻。他自己也到处投简历找工作,发现能够让自己满意的工作很少,要么是工作压力大、负荷重,自己难以胜任高强度的工作;要么是工作轻松,但是薪酬太低、福利待遇不好;再有就是工作对学历、能力要求很高,自己的水平不够;等等。总之,他认为所遇到的工作都很不令他满意。于是,他毕业后,干脆就不再出去找工作,宁愿一直坐在家里待着。每天也就是上上网、出去打打球和朋友一块吃吃饭,而这些消费也认为理所当然地由父母来买单。时间长了,他已经非常适应这种生活了,成了名副其实的"啃老族"。尽管他的父母对此也非常不满,但是也无可奈何,只好任由他。

目前,所谓的"啃老族"在社会上也屡见不鲜。大多数是刚刚从学校毕业出来的独生子女。从小备受家长的呵护,难以承受生活中的挫折、磨难。即使成年后,仍然缺乏独立生活、工作的能力,只能依靠在父母的羽翼下遮风避雨。

我们人生很多时刻都面临着考验。从蹒跚学步的孩童成长起来的青春少年,终究是要被推上社会,独立去承担责任。

心灵悄悄话
XIN LING QIAO QIAO HUA

　　作为走向社会不久的年轻人,实现让自己角色的转变非常重要。越早意识到自己的家庭责任、社会责任就能够越早的成熟起来。当你完全依靠自己的能力,自给自足的时候,你会让自己瞬间拥有满足,也会让父母由衷地感到欣慰。

第六篇 打破自我的框架

　　将自我的框限打破，进入他人的立场，体验他人的生命波段，才能达到最佳沟通效果。如果不将我们的生命置换进不同的环境，根据不同的人调整沟通方式，那么语言反倒会成为沟通的障碍。成功的人之所以成功，靠的是实力和洞察力。失败的人之所以失败，是因为他们做任何事都抱有侥幸的心理，而不是通过现象看本质，然后去找解决的方案。

　　富兰克林常说："如果你辩论争强，你或许有时获得胜利，但这种胜利是得不偿失的，因为你永远无法得到对方的好感。"因此，坦率、真诚的沟通是人际交往中的重要元素。

全方位进入对方话语思维

我们常常会遭到这样尴尬的情景：别人用非常隐晦的方式有意地刁难我们，这时我们如果直接地去反驳对方，反而会破坏了气氛，弄巧成拙；而不去反驳对方，又会显得自己很懦弱。其实，这时，我们可以"附和"他者，以其人之道还治其人之身，全方位进入对方话语思维。

南齐高帝萧道成提出要与当时的著名书法家王僧虔比试书法，君臣二人都认真地写了一幅楷书。然后高帝就问王僧虔："你说说，谁第一，谁第二？"王僧虔不愿贬低自己，又不敢得罪皇帝，于是答道："为臣之书法，人臣中第一；陛下之书法，皇帝中第一。"高帝听后，只好一笑了之。

王僧虔这种分而论之的回答是相当巧妙的，表面上是顾及了皇帝的尊严，君臣不能互相比较，实际上是回避了不愿贬抑自己，又不敢得罪皇帝的难题。真可谓是一举两得、一箭双雕。

古时候，吴国有个滑稽才子，名叫孙山。他与乡里某人的儿子一同参加科举考试。考完后，孙山先回到家，那个同乡的父亲就向孙山打听自己的儿子是否考上了。孙山笑着回答说："解名尽处是孙山，贤郎更在孙山外。"这便是"名落孙山"的典故的来历。

孙山的回答既委婉又含蓄，这种表达方式非但没有戳到别人的痛处，反而让别人对他的诙谐调侃佩服不已。即使那位父亲的儿子落榜了，也不会因为孙山的言语而受到刺激。这便是"附和"他者表达的魅力所在。

古人云"失之毫厘，谬以千里"，语言的表达甚为重要。如果不能敏锐地嗅到说话的场景，琢磨不透话里话外的意思就应对对方，就会在语言上出现偏差，极有可能得罪别人却不自知，等到明白过来后急着弥补时，

往往是越急越坏事,到头来好话说了一大堆,人却得罪完了。可见,全方位地进入对方话语思维中也是人们在人际交往中的技巧。

伶牙俐齿、能言善辩本来是个正面的评价,但是,有时候把握不好场合语言反倒成了沟通的障碍。因此,我们既要学会良好的沟通,又要把握好这个度,切不可过分追求言语上的优势,与人做无谓的争辩,就会适得其反。

高菲和李丽是一对无话不谈的闺中密友。两人从小就是在一条胡同里长大的,直到成年工作之后还保持着密切的关系。高菲性格争强好胜、口齿伶俐,李丽正相反,性格内向、中规中矩。然而,这么一对亲密的好友却因为一件小事变得关系疏远开了。一次,高菲到李丽家里做客。李丽的父母都出去上班了,只有她们两个人。李丽拿出家里珍藏的一套景德镇茶具来招待高菲。在李丽去厨房烧热水的时候,高菲一个人待在客厅里,这时,高菲旁边的这套茶具一下子摔在了地板上,摔得粉碎。李丽闻声出来一看,高菲也连忙从沙发上站起来,说:"不是我碰的,我根本就没有碰到杯子,怎么就摔碎了呢?"李丽看到杯子破了,心里也很不高兴,对高菲说:"没关系,碎了就碎了。"本来,兴致很高的两个人被这个意外的插曲破坏了气氛。事后,两个人在交往时总感到中间有什么隔阂,渐渐地疏远了。

在辩论会、谈判桌上,这种人也许是个人才,但在日常生活和工作场合中,这种人反而会吃亏。因为日常生活和工作场合不是辩论场,也不是会议室和谈判桌,你面对的可能是能力强但口才差,或是能力差口才也差的人,你辩赢了前者,并不表示你的观点就是对的,你辩赢了后者,只会凸显你仅仅是个好辩之徒且没有"心机"罢了。

中国就有个成语"言多必失",意思是话说多了就难免会犯错误。因此,一定要在工作、生活中不断提升自己的说话水平,慎重表达。

刘峰是个精明的商人,非常有生意头脑,看到国内的房地产市场蕴涵着巨大的发展潜力,他也开始经营建材生意,很快就积累起了原始资本。但是自己刚刚起步,他仍然是省吃俭用的,希望把每一分钱都用在刀刃上,以便扩大自己的经营范围。因此,他仍然住在以前旧的房子里,而且也没有买车。但是,他为了表现自己的实力经常吹嘘自己住豪宅、开名车。因为他的客户基本上都是实力雄厚的企业家,物质生活非常优越,因此在他们面前就不能表现出很寒酸的样子,否则对方就会怀疑自己没有实力,从而会降低对自己的信任度。一天,他和太太外出办事,为了省下打车的钱就走路回家,累得汗流浃背的。这时,一辆宝马车停在了自己旁边,探出头来的正是自己最大的客户,对方很奇怪地问他:"你们夫妻俩怎么在走路?你们今天没开车吗?"刘峰一愣,紧接着就笑着说:"我们家里的跑步机坏了。"说着指了指旁边的别墅,说道:"所以就改为在外边步行代替来做运动了。"对方一听就顺口说道:"我家正好就在那个小区,我顺便带你们一起回去吧,你们在哪个房间?"刘峰一听,就哑口无言了,这个客户立即就摆出了鄙夷的神情说:"这个小区现在还没有交房,里面根本就没有住户,你们是如何住进去的呀?"

刘峰夸张地炫耀自己的财富,殊不知撒了一个谎往往需要撒更多的谎才能够圆,早晚会被揭穿,最后反倒遭到了对方的耻笑,昔日自己苦心塑造的形象也在瞬间倒塌。不恰当的语言反倒成了沟通的障碍。

心灵悄悄话
XIN LING QIAO QIAO HUA

富兰克林常说:"如果你辩论争强,你或许有时获得胜利,但这种胜利是得不偿失的,因为你永远无法得到对方的好感。"因此,不要总是试图在语言上争胜,为了一时的面子风光,反倒聪明反被聪明误。坦率、真诚的沟通是人际交往中的重要元素。

第六篇　打破自我的框架

创意的最佳调频

在人们忙忙碌碌的生活中,很多时候与人相处不需要我们做出回答、解释,我们要做的仅仅是用心倾听,倾听他人的苦恼、忧虑、愤怒等等。在学校、办公室、家庭,随时随地都有倾听的需要。

我们每个人所知道的东西,都是非常有限的。要了解更多的东西,就不能只是自己一味滔滔不绝地讲话,而是要倾听他人的看法。如果与人在谈话的时候,我们常常不愿意耐心地倾听他人说什么,而是先入为主地认为他人的话是毫无意义的,那么就会不自觉地形成自我中心的观点。经常看到在开会的时候,一些人总会在滔滔不绝地讲了自己的看法后,才问在座的其他人:"大家谈一下自己对这个问题的看法。"那么,接下来就可能鸦雀无声,人们都沉默不语,不愿表达自己的观点。一旦出现这样的场景,不难想象,一些有独到见解的观点就无法表达出来。

王涛大学毕业后,经过 3 年的摸爬滚打终于创办了一家自己的公司。看到凭借自己的实力创办的公司已经有 20 多个人的规模,他自己心里也有说不出的自豪、骄傲。当遇到问题的时候,他总是一个人拿主意,不愿意跟其他的员工商量,因为在他看来,这些人都是来给自己打工的,也不会提出有建设性的建议。时间长了,他手下的员工也很少有人愿意替他分忧解难,大家经常挂在嘴边上的话就是:"经理说了,事情要这么做……"不到一年的时间,公司里的骨干员工就相继跳槽,这给公司的正常运转带来了很大的难度。王涛自己也陷入深深的苦恼当中。

案例中,经理王涛经常想当然地自己拿主意、想办法的做法,就会在不自觉中产生自我膨胀心理,甚至自负、孤傲的心理倾向。在员工看来,老板根本无须借助于员工的智慧来共同促进公司的发展，无形中就抑制了员工对公司的归属感、认同感。即使员工有好的想法，也不愿意说出来。其实，即使你是老板，也难以保证自己的观点永远就是最正确的。有很多来自他人的真知灼见就无声无息地失去了。其实，倾听别人，能够缓解自己的压力、提高自己的竞争力。

美国知名主持人林克莱特在一次节目中访谈到小朋友长大后的理想。当他问到一个小朋友的时候，问他长大后的理想是干什么？小朋友很可爱，想了想说："我以后要当飞机驾驶员，在空中飞。"林克莱特听他说完后，也很感兴趣，接着想给小朋友出道难题来考验考验他的思维方式，就接着问："如果一次，你驾驶着飞机，正在大海的上空飞行，突然飞机上所有的引擎都熄火了，情况非常紧急，你接下来会做什么？"小朋友紧锁眉头，考虑了一下说："我就先要求飞机上的人系好安全带，接下来我就装好降落伞跳出去。"他刚说完，现场的观众听到这里的时候，都被小朋友天真、幼稚的想法逗笑了。林克莱特并没有转移话题，而是停顿下来，继续微笑着看着这个小朋友，想听听他接下来怎么说。小朋友看到现场的观众都在笑他，委屈地流出来了眼泪，几乎是带着哭腔说："我不是去逃命的，我是要去取燃料，回来救大家的！"

如果林克莱特没有留出时间来倾听小朋友接下来的解释，而抢先发表自己的观点，就会误会这个孩子真实的想法。因此，在与别人沟通的时候，不要急于表达自己的观点，而是要留出时间，倾听对方的表达，让对方把想要表达的意思充分地表述清楚。否则，就很容易对他人的话一知半解，或者是产生误解。

善于倾听别人的时候，你就是在给予他人尊重、分享他人情感的过程。从他人的喜怒哀乐中，我们就能够一步步走向成熟、理智，调出我们生命频道中的最佳调频。

丰富的人生阅历，能使人从青涩走向成熟，从盲目走向理智。刚刚扬起人生风帆的年轻人在处于人生的转折点、面对摆在自己面前的很多选择时，究竟应该何去何从呢？常常难以决断。这时，不妨自己去亲身实践一下，通过自己的努力来得到切身的体验，才能够有更加理智、成熟的见解。

王宁就读于国内一所重点院校的生物工程专业，当时他周围的同学纷纷出国留学，能够在国外找到一份好的工作并拿到当地的绿卡成为大家眼中的幸运儿，他也选择了出国。在国外学习期满后，和众多的留学生一样，王宁打算就在美国找份工作。但是，由于种种原因，并不是很顺利，一连半年的时间他都荒废过去了。这促使他重新考虑自己的未来发展。他认识到自己其实并没有做好在国外就业的打算，只是被周围的同学、朋友的建议所触动，从而为自己的职业选择埋下了隐患。经历了一段时间的迷茫、彷徨，最终决定回国工作，顺利进入到一家国有企业工作，自己的专业水平得到了充分的施展。

最适合自己的选择往往就是最好的，这是句老生常谈的话。但是，年少的时候，我们有时很难明白人情世故的复杂性，常常是从生活中的常识来判断来行事，恰恰结果却会适得其反。在我们面临选择的时候，总是这山望着那山高，看到别人从事热门专业，获得高额的薪水，或者身居要职，风光无限，就一味地模仿别人，而丝毫不考虑自己的实际情况，往往会走很大的弯路。兼听则明，偏信则暗。**我们每个人都要学会对来自各方面林林总总的信息进行过滤、加工，才能找到适合自己的发展之路。**

李芳和王东是一对刚参加工作不久的夫妻。王东有很强的进取心，一直希望自己能够在公司里大有作为。但是由于他刚刚开始进入这家公司工作，所以分配给他的工作都是一些琐碎的、简单的杂活。这让王东非常不满，总觉得这些工作根本无法展示自己的能力。他经常回到家里就抱怨，妻子李芳对他的这种态度很不认同，总是苦口婆心地劝他，一屋不扫何以扫天下，只要把眼前的工作做好，总有一天会得到领导的赏识的。但是，丈夫对她的劝告一点听不进去。李芳就考虑如何能够用王东接受的方式来说服他。一天回到家里，王东又在抱怨道："真是烦透了，我必须得马上辞职离开这家公司！"王芳一反常态，认真地说："我支持你，像你这么有才华的人，你们公司都不能人尽其才，咱们辞职，不在这里受气了。不过,现在不是最佳的跳槽时机。"丈夫一听妻子支持自己辞职很是高兴,但也很是纳闷为什么不能马上辞职呢?李芳非常有把握地说"你现在接触的客户很少,即使跳槽到另外一家公司,给的薪水也很少、职位也不高。等你能够拉到一大批客户了,就会拥有丰富的人脉关系,到那时候再跳槽岂不更有优势。"王东听完后,连连点头称是,也为妻子观念的转变感到高兴。从此,他就不再抱怨,一心想着多拉一些客户。果然,一年后,他已经拥有一个庞大的忠实客户群。一天王东非常高兴地告诉李芳,由于他出色的表现,已经被总裁任命为部门经理了。李芳故意问他,是否还要跳槽?王东连忙摇摇头说,我现在做得如鱼得水,干吗要跳槽呢?看到妻子很得意的笑,这才明白了当初妻子为了劝告自己安心工作的苦衷。

对于刚入职场的人来说,大部分人都要经历从简单、琐碎的工作到重要工作的过渡过程。李芳对于心浮气躁、急功近利的丈夫,恰当地转换了表达的方式,引导丈夫踏踏实实地去工作。当他开始认真对待工作的时候,业绩自然也会不断地提升,就会找到工作的目标和乐趣。

因此,经历了不同的人生历程,多一种生命波段,就会让自己逐渐褪去青涩、幼稚,感悟到人生的价值、生命的真谛。

心灵悄悄话
XIN LING QIAO QIAO HUA

有了自己独立的思考和判断,与人沟通的时候,来自父母、老师、同学等周围人的观点,才不会左右我们的选择。因此,既要善于采纳别人的建议,同时又要能够保持自己的观点,不随波逐流。

感受创意的思维

每个人都是一个独立运转的宇宙。与不同的人沟通，交换彼此的生命体验，放弃已有的陈旧观念，从不断更新的生命历程中体验全然不同的人生，才能让自己的人生版本在多次元的联集中得到加强。

宋代朱熹有一句话："体谓设以身，处其地而察以心也。"一语道出了将他人的处境纳入思考范畴的境界，这是需要具有很高的自身修养才能体会到的乐趣。我们平时熟稔于心的是"己所不欲，勿施于人"，其实，无论怎样表达，都说明了设身处地地为他人着想是一种人生必修的课程，它阐释着宽容、忍让、体谅等很多美好的东西。

人不是单靠吃米而活着的动物，一生中会有很多美丽的邂逅，而每一次都是我们前世修来的果子。无论是擦肩而过还是结为金兰，我们都会永远存盘，深藏在心底。所以我们要珍惜每一次真挚的心跳，多为他人考虑一些，也好随着时间的推移，将尘封在心底的往事定格为最美的风景。

有人曾说"人世间最纯净的友情只存在于孩童时代。"让人感到每个字眼里都透露着悲凉，谁能否认自己不渴望真情？其实，真情永远存在于人们的心中。不同的年龄对感情的态度不同，体悟感情的方式也不尽相同，但这过程里始终有一个不变的真理，那就是，如果你能把别人的处境纳入自己思考的范畴，那么你就会得到恒久的真情。

人与人的相处需要忘我的精神，你可曾发觉很多人说话的时候主语经常是"我"，如果我们都把对方当成主要的方面，事情定会是另一番景象。人是社会的动物，都需要一份温暖、一份关心、一份慰藉。当对方成功时我们为何不给予真诚的肯定，当对方偶有失误时我们为何不选择包容,多站在对方角度上考虑一下,这样世界就不会再有嫉妒、责难,也不会有人再感到真情需要千呼万唤,它将弥漫在我们身边。

在美国的一次经济大萧条中,90%的中小企业都倒闭了,一个名叫克林顿的人开的齿轮厂的生意也一落千丈。克林顿为人宽厚善良,慷慨大方,交了许多朋友,并与客户保持着良好的关系。在这举步维艰的时刻,克林顿想要找那些朋友、老客户出出主意、帮帮忙,于是就写了很多信。可是,等信写好后他才发现:自己连买邮票的钱都没有了!

这同时也提醒了克林顿:自己没钱买邮票,别人的日子也好不到哪里去,怎么会舍得花钱买邮票给自己回信呢?可如果没有回信,谁又能帮助自己呢?

于是,克林顿把家里能卖的东西都卖了,用一部分钱买了一大堆邮票,开始向外寄信,还在每封信里附上2美元,作为回信的邮票钱,希望大家给予指导。他的朋友和客户收到信后,都大吃一惊,因为2美元远远超过了一张邮票的价钱。每个人都被感动了,他们回想起了克林顿平日的种种好处和善举。

不久,克林顿就收到了订单,还有朋友来信说想要给他投资,一起做点什么。克林顿的生意很快有了起色。在这次经济大萧条中,他是为数不多站住脚而且有所成的企业家。

我们时常听见有些人抱怨自己不被他人理解,其实,换个角度可能别人也有同样的感受。当我们希望获得他人的理解,想到"他怎么就不能站在我的角度想一想呢"时,何不尝试自己先主动站在对方的角度思考。这样也许会得到一个意想不到的答案,许多矛盾和误会也会迎刃而解。

卡耐基对这两种方式的效果有切身体会。他有一个保持了多年的习惯,经常在他家附近的公园内散步。令他痛心的是,每一年树林里都会失火,一些好端端的树木被大火烧毁。那些火灾几乎全是那些到公园里野餐的孩子引起的。

卡耐基决定尽自己所能改变这种状况。他到公园散步的时候,一看到孩子们在树林里生火,就走过去警告说,如果他们造成火灾,就会被关到牢里去,然后以不容商量的口气命令他们把火扑灭。如果他们不肯合作,他就威胁要叫警察把他们抓起来。卡耐基后来说自己只是在发泄某种不快,根本没有考虑过孩子们的感受。那些孩子即使服从了,也只是被迫服从,他们恨这个强迫他们放弃乐趣的人。等卡耐基一走,他们很可能又把火点起来。

后来,卡耐基意识到必须换一种方式来和那些孩子沟通。他再次看到孩子们在树林里生火时,就微笑着问他们:"孩子们,你们玩得高兴吗?我像你们这么大的时候也喜欢玩火,尤其是在野外生火做饭,真是一件有趣的事。"

卡耐基停下来和他们聊起了野餐的做法,气氛变得融洽起来。而后卡耐基话锋一转。说道:"不过,你们应该知道,在树林里生火是很危险的。当然,我知道你们是很注意的,但是有的人就没这么小心了。他们看到你们生火很有趣,就会学着做,可是离开时却不把火弄灭,结果火蔓延起来,就把树林烧着了。如果树林被烧光了,以后我们就没有这么好玩的地方了。我很高兴看到你们玩得愉快,不过我建议你们现在把火堆旁的枯叶拨开。"

孩子们立刻踢开了火堆旁的枯叶。"很好,"卡耐基说,"我希望你们在离开之前用泥土把火堆盖住。下一次,如果你们还想野餐,能不能到山丘那边的沙坑里生火? 在那里生火,就不会有任何危险了。"孩子们表示同意后,卡耐基说:"谢谢你们,祝你们玩得愉快。"这一次的效果大不一样,那些孩子很愿意合作,而且毫不勉强。

事实证明,只要我们多考虑别人的感受,多从别人的角度看问题,即便是很尖锐的矛盾也能缓和。因此,如果你想得到别人的配合,最好真诚地从他的角度来考虑。卡耐基有一句避免争执的神奇话语:"我不认为你有什么不对,如果换了我肯定也会这样想。"这句话能使最顽固的人改变态度,而且你说这句话时并不是言不由衷,因为人类的欲望和需求是大致相同的。如果真的换成是你,你也会有他那样的想法和感觉,尽管你也许不会像他那样去做。

爱因斯坦说："对于我来说，生命的意义在于设身处地替人着想，忧他人之忧，乐他人之乐。"这是一种怎样宽广的胸怀，让他足以容纳他人的忧和乐，这本身就是一种慈悲，一种人生的大爱！

聪明的人遇事时为他人着想，因为他知道当心中只有自己的时候，也可能把麻烦留给了自己；当心中有他人的时候，他人也就为自己留出了一条宽敞的大道。他们往往从别人的角度出发，先考虑到别人的不方便之处；他们对自己要求很严格，却也有足够的涵养不苛责别人，他们把做人的深髓的哲理都赋予了行动。

你把目光投向大海，你将得到整个海洋；你把目光投向天空，你将得到整个天空；你用目光穿透黑暗，你也就会收获黎明；你用目光温暖众人，你也将得到众生的恩宠。

心灵悄悄话
XIN LING QIAO QIAO HUA

人生就像春种秋收那样，随着四季的流转，不停地播种和收获。不一样的"播种"也将收获不一样的人生。愿你在生命中播种美好与幸福，在美丽的深秋收获金色的黄昏。愿你的生命中回荡着他者的声音，让你的心胸能够海纳百川，收获整个天地间的温情。

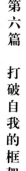

155

摒弃已有的生活概念

成功、财富以及繁荣的创造中,最重要的元素来自独到的眼光和智慧。如同詹姆斯·亚伦在《当人思考时》一书中提醒我们的:"坚持着一串特殊的想法,不论是好是坏,都不可能不对性格和环境产生一些影响。人无法直接选择环境,可是他可以选择自己的想法,因此,虽然间接却必然会塑造他的环境。"对于通过思索寻找解决问题方法的重要性,许多杰出的企业家都深有体会。毫无疑问,谁要是具有勤于开启的大脑和过人的智慧,他就一定能创造出超越常人的业绩。

从某种程度来讲,工作就是一个思考的过程;工作取得进步,就是一个思考深入的过程。**思考得多了,想到的方法自然就多了。**当一个猎人打着了一只兔子时,他就会想办法去猎一只鹿;当他猎到一只鹿时,他就会想如何去打一只熊。而只有这样不断地思考,不断地寻找更好更有效的办法,才有可能成为一名优秀的猎人。细想一下,工作何尝不是如此?

然而,在实际工作过程中,一旦遇到困难,有很多职员却不懂得积极开发大脑,进行思考,寻找解决的方法,只是一味地寻找各种借口进行逃避,这样的职员并不是企业最需要的职员。只有那些遇到困难,第一时间就会积极思考、寻找方法的人,才有可能在职场上站稳脚跟,获得发展。

在现实生活中,一个人的思路往往决定了他会向哪个方向走,而他又会向前走多远。如果缺乏好的思路,即使他再聪明、再有抱负,也会和成功失之交臂。拥有了好的思路,就能够在迷雾中看清目标,在众多资源中发现自己的独特优势。

我们不是没有好的机会,而是我们没有好的观念。在相同的客观条件下,由于人的观念不同,主观能动性的发挥就不同,各种行为也就不同。有的人因为具备先进的观念,虽然一穷二白,却白手起家,出人头地;有的人即使坐拥金山,但由于观念落后,导致家道中落,最后穷困终身。

亿万财富买不来一个好的观念,而一个好的观念却能让你赚到亿万财富。为什么世界上所有的财富拥有者都能够在发现、捕捉商机上独具慧眼、先知先觉呢?根本原因就是他们思想上不保守,观念更新快!

都说知识改变命运,事实上,观念才能真正改变人的命运,仅凭知识是改变不了命运的。很多自诩才高八斗、学富五车的人不是一样穷困潦倒吗?人的思想观念决定了人的言行举止,在任何时候都起着先导的作用。从奔月传说到载人宇宙飞船遨游太空,说到底都是观念更新、思想进步的结果。观念超前,就能想别人之不敢想,为别人之不敢为,自然就能够发现别人视而不见的绝佳机会,钞票、影响力等好事情当然就会源源而来了。

市场经济的规律告诉我们:只有思路常新才有出路。成功的喜悦从来都是属于那些思路常新、不落俗套的人们。一堆木料,将它用来作燃料,几乎分文不值;如果将它卖掉,能够值几十元;如果你有木匠的手艺,将它制作成家具再卖掉,能够卖出好几百块;如果你有高级木匠的手艺,将它制作成高级屏风卖掉,那就能够值几千元!

观念的更新是永无止境的。没有观念的更新,很容易被社会淘汰。观念是创新的先导,需求是创新的动力。现在有一句顺口溜叫:脑袋空空口袋空空,脑袋转转口袋满满。要想赚钱,就要勇于开拓、不断创新,为自身发展闯出更广阔的新天地。要问钱来自哪里,钱其实就在你的头脑里!人与人的最大差别是头脑,有的人长期走入赚钱的误区,一想到赚钱就想到开工厂、开店铺。这一想法不突破,就抓不住许多在他看来不是机遇的机遇。

成功与失败,富有与贫穷,往往只在一念之差。不同的观念直接导致了不同的人生! 一切都在迅速变化,而人类的天性却一直都是追求安定、躲避危险的,所以,大多数人不但害怕改变,更抗拒改变。然而,在这个新经济时代,随着新科技与新思维的出现,企业必须不断地改变,以创新的思维模式及行销手法来经营。当然,作为企业最重要的元素——一人,更不能免俗。

"想要别人怎样对待你,就先怎样对待别人。"这可能是一句大家从小就学到且会拿来教导孩子的至理名言。遗憾的是,若把这句名言应用到组织问题上,问题可就大了。这句金科玉律的假定是,你喜欢的对待方式会跟其他人喜欢的对待方式一样。这就是"先怎样对待别人"的立论。把这种观点应用在解决组织问题时,就等于是说在协调冲突、决策和搜集信息上,你会跟大家的看法一致。

很多人把这句名言当成个人生活的策略。我们也这样处理周遭发生的事。在旧社会中,这可以算是一种生存形态。但把这句名言当成策略,可就错了,也会隐入本位主义的泥潭。因为这句名言假定,自己的看法就是他人的看法。因此,自己所想的,就是适当、正确的。如果你就是在这种金科玉律教导下长大的,难免会养成这种思考逻辑。不过,如果你以不同的观点思考,就能开启许多前所未有的成功机会。

我们被自己对世界的偏见所蒙蔽,看不到个人见解的可笑和荒谬。

心灵悄悄话
XIN LING QIAO QIAO HUA

要真正有效处理变革所引起的差异,就得具备求同存异的能力,适时从别人的观点和立场来看事情。要这么做就必须把先前的金科玉律改变一下,换成新版的:"以别人想被对待的方式对待他们。"

第七篇　拓展你的创意空间

　　一般而言，我们只能感知一些事物的某些组成部分或某些发展环节，很难对事物的整体有完整清晰的认识。但在它的薄弱之处，我们可以用想象来加以充填，如同豹子身上的"斑"，我们只有一点一点地将"斑"充填完整，才能使这只豹子生龙活虎般的动起来。

　　的确，一位作家在构思作品或者是塑造人物时，他不但要通过想象"看到"所创造的角色的状态，还要听到所创造的角色的谈吐，体验到所创造的角色的心境、感受和情绪，这就必须要求作家设身处地地想象人物的言谈举止和心理活动。

想象是一切创意活动的基础

根据巴甫洛夫学派的解释,做梦的内因是大脑皮层上所建立的暂时神经联系的痕迹重新活动和改组。产生的外因是外界刺激的影响或体内某些器官受到的刺激等。**有意想象也称积极的想象,是在第二信号系统的参与和调节之下所进行的想象,是有预定目的、自觉的想象。**

例如,我们在欣赏文学作品的过程中或者学生在专心听课时所进行的想象,都属于有意想象。有意想象按其内容的新颖性、独立性和创意的不同,可以分为再造想象和创意想象,下面的例子就能更好地解释它,便于大家的理解。

在一间安静的病房内。墙上挂着一幅世界地图,病床上躺的是德国著名气象学家魏格纳,他一边凝视着地图,一边幻想着一个奇妙的问题:"为什么大西洋两岸的曲线形状如此相似? 它们拼合在一起。简直就像一块完整的大陆。这是偶尔的巧合还是原先整块完整的大陆分成了几块呢?"

到了第二年秋天,魏格纳看到一份材料,说南美洲和非洲、欧洲、北美洲、马达加斯加、印度等大陆上的蚯蚓、蜗牛、猿以及其他古生物化石,都有一定相似性,这使他联想起他在一年前卧病看地图时思考的问题。难道这些古生物是振翅飞游大西洋的吗? 不可能。

魏格纳展开了他想象的双翼,他认为在距今两亿年的古生物时代以前,地球上只有一块庞大的原始陆地,叫作"冷陆地"。它的周围一片汪洋,后来由于天体引潮力和地球自转离心力的作用,"冷大陆"开始分崩离析,就像浮在水面上的冰块一样在不断漂移,越漂越远,从此美洲脱离了非洲和欧洲,中间留下的空隙就成了大西洋,而非洲的部分与亚洲告别,在漂离过程中,它的南端略有偏转,渐渐地与印巴次大陆脱开,这样就诞生了印度洋,还有两块较大的陆地向南漂移,就形成了澳大利亚和南极洲。

为了证明这个想法,他便翻看资料,仔细考证,经过数年的努力,他终于完成了一部划时代的地质文献《海陆的起源》,一个崭新的地质结构学说——"大陆漂移学说"就这样诞生了,它是由地图一古生物化石一地球表面结构的联想而萌发的。

再造想象是根据别人对某一事物的描述,在头脑中形成相应的新形象的心理过程,一方面是指这些形象不是独立创意出来的,而是根据别人的描述或示意再造出来的,如我们看了鲁迅的《祝福》之后,眼前会出现一个活生生的祥林嫂,这是靠再造想象产生的形象。再造形象除了通过文学作品的文字描述可再造出来外,音乐也可以通过由各种音乐符号所组成的乐谱唤起各种各样的音乐形象,建筑工人根据建筑蓝图可以想象出建筑物的形象,机械工人通过机械图纸可以想象出机械的形象,这些根据别人的描述或者示意而"再造"出来的想象,都是再造想象。

再造想象的另一方面,是指这些形象是经过自己的大脑对过去感知的材料的加工而成的。如当教师向全班学生讲《飞身抢渡大渡河》这一篇课文时,讲了十八勇士冒着枪林弹雨,奋勇抢渡的情景。由于每个同学的知识、经验、兴趣爱好、个性和欣赏能力的差异,所以每个人对这一情景的想象的也就不同。

由此可见,每个想象总是按照自己的方式来创造某个新形象的,因此,再造想象也常常包含有某些创造的成分。再造想象在认识活动中有很重要的意义。借助于再造想象,我们可以重视别人的创意所创造出来的或感受到的事物。再造想象一般遵循以下两条规律:一是再造想象的形成受旧有表象的数量和质量的影响;二是再造想象的形成依赖于正确掌握词语和实物标志的意义。

而创意想象是不依据现成的技术而独立地创造出新形象的心理过

程,创意想象是根据预定的目的,通过对已有的各种表象进行选择加工和改组。而产生可以作为创意活动"蓝图"的新形象的过程。在创意新技术、新产品、新作品之前,人在头脑中必先构成事物的形象,这就是创意想象。创意想象与创意思维紧密相连,是人类从事创意活动的一个必不可少的因素。新颖、独创、奇特是创意想象的本质特征。创意想象是真正的创意,它不同于再造想象。再造想象中也常有创意的成分,但两者比较起来,创意想象的创意成分更多些,创意想象也比再造想象困难得多。

如果创造出一个阿Q的形象,与欣赏《阿Q正传》中的阿Q形象相比,前者要求有更大的创意。阿Q的形象是旧中国劳动人民的奴隶生活的写照,也是中国近代民族被压迫历史的缩影,鲁迅创意出"阿Q"形象,是经过创意的构思,并以一些历史现象为依据,选择材料,进行深入的分析和综合提炼的结果,所以创意想象和再造想象两者虽然有区别,但无截然分明的界线,你可以通过再造想象来真正做到创意想象,而不应当把自己局限于再造想象之内。

每个人从出生、上学、到工作都在进行着再造想象,而只有少数的人才在昨天再造想象的基础上,找到了属于自己创意想象的空间,所以他们成了科学家、发明家、艺术家、文学大师,而这绝不是偶然的,因为他们知道"昨日之日不可留"。

想象是一切创意活动的基础,郭沫若逝世前不久曾语重心长地说:"有幻想才能打破传统束缚,才能发展科学,科学工作者们,请你们不要叫想象让诗人独占了。"

鲁班是我国古代一位优秀的手工业者和发明家,他的名字和故事,一直广为流传,也给我们带来不小的启示。远在鲁班生活的年代,伐木是要用斧头的。有一次,他带上几个徒弟上山砍木材,一连砍了几天。累得个个都精疲力竭,可木料还是远远供应不上,鲁班心里非常着急。

一天,他在砍木材的时候,爬山坡时被一种野草划破了手指,于是他摘下一片叶子轻轻一摸,原来叶子两边都长着很锋利的锯齿,鲁班的心为之一动,他似乎想到了什么,这时附近的一棵野草上有条大蝗虫,它的两

颗大板牙一开一合,正在津津有味地吃着草叶。

鲁班上去把大蝗虫捉来细细一看,原来在大蝗虫的大板牙上也排列着许多的小锯齿。有锯齿的树叶把人的手划破。长有锯齿一样的板牙的大蝗虫能吃草叶。难道……他的思维在奔驰着,展开了永不停息的想象……如果做成带有锯齿的竹片,是不是可以用来锯木头啊。他把竹片做成带齿的,在树上轻轻一试,一下就把树皮划破了,再用力拉了几下,木头上就出现了一条深沟,于是他下山请铁匠打了一条带齿的铁片,再到山上进行实践。证明了铁片的更好效果之后,鲁班高兴地跳了起来,就这样,鲁班用他的想象发明了锯。

想象在我们的日常生活中也有重要的作用,例如我们对文学作品、艺术表演、音乐、美术作品等的欣赏,就离不开想象的作用。离开了想象的作用,顶多不过是对他们的感知,还谈不上有所感受,因而也就不能称之为欣赏。在人的情感生活中,想象能引起相应的情感和情绪,如在欣赏音乐时,音乐的节奏、旋律、和声、音色所组成的各种曲调,可以把人引发到悲伤、沉痛、焦躁、忧虑、惋惜的情感情绪中去,催人泪下,也可以把人引入欣喜、振奋、爱慕、胜利、希望的情感情绪中去,促人奋起,这些都是大家亲身体验过的。

根据我们对想象的进一步了解,想象在处理人际关系时,也同样必不可少。人们常说,处事要善于"设身处地",但如果你要想真正的设身处地,就必须凭借想象的作用:如果我们处于对方的地位,将会怎样想,如何做? 也就是说:人们在相互交往中,必须通过想象才能设想别人的处境和心情,从而促进彼此相互了解。

想象不仅在认识和实践活动中有巨大作用,而且在人的精神生活中,特别是在创意活动中也有重大的意义。难怪历史上许多科学家和艺术家都高度重视和评价想象的作用,巴甫洛夫曾指出:"化学家在为了彻底了解分子的活动而进行分析和综合时,一定要想象到眼睛看不到的结构。"

著名德国物理学家普朗克在谈到假设时也曾说过:"每一种假设都是想象力发挥作用的产物。"英国物理学家延德尔说:"作为一名发明家。

他的力量和生产,在很大程度上都应归功于想象力给他的激励。"有了精确的实验和观测作为研究的依据,想象便成为科学理论的设计师,可以说没有科学的想象,就不会有科学理论和科学发现。

高尔基讲到情绪和想象时曾说过这样一段语重心长的话语:"文学家的工作或许比一个专门学者更困难……科学工作者研究公羊时,用不着想象自己也是一头公羊,但是文学家却不然。他虽然慷慨,却必须想象自己是一个吝啬鬼;他虽毫无自私心,却必须觉得自己是贪婪的守财奴;他虽然意志薄弱。却必须令人信服地描写出一个意志坚强的人。"

的确,一位作家在构思作品或者是塑造人物时,他不但要通过想象"看到"所创造的角色的状态,还要听到所创造的角色的谈吐,体验到所创造的角色的心境、感受和情绪,这就必须要求作家设身处地地想象人物的言谈举止和心理活动。

同样,在戏剧表演中,一名演员要想演好他所扮演的角色,也必须充分利用想象,使自己能够真正地进入角色。创意是以想象作为先导和基础的,对科学创意是这样,对文学艺术创意也是如此。

心灵悄悄话

XIN LING QIAO QIAO HUA

> 想象要求我们不计较过去对某种事物的憧憬。想象又可分为无意想象和有意想象,无意想象也称消极的想象,就是没有预定目的的、不自觉的想象,最明显的事例就是做梦。

第七篇 拓展你的创意空间

你应该懂得的创意方法

创意的关键就在于找出新的正确改进方法,创意是人们运用创意思维能力,以不同于常规的眼界,从全新的角度去观察和思考问题,进而提出解决问题的新方法的思维方式。创意思维所要解决的是实践中不断出现的新情况和新问题,因此要求创意主体要独具慧眼,能够提出新的见解,不断有新的发现,实现新的突破。**始终相信任何事情都是有可能做到的,你的大脑就会想方设法帮助你找出各种方法。**

头脑风暴法

头脑风暴法是一种从心理上激励群体创意活动的最通用的方法,是美国企业家、创意学家奥斯本于 1938 年创立的。

头脑风暴原是精神病理学的一个术语,是指精神病人在失控状态下的胡思乱想。奥斯本借用过来以形容创意思维的自由奔放、创意设想如暴风骤雨般地激烈涌现的情形。

在我国,头脑风暴法也译为"智力激励法""脑力激荡法""BS 法"等。该方法在 20 世纪 50 年代于美国推广应用,许多大学相继开设头脑风暴法课程。其后,传入西欧、日本、中国等地,并有许多演变和发展,成为创意方法中最重要的方法之一。

该方法的核心是高度充分的自由联想。这种方法一般是举行特殊的小型会议,使与会者毫无顾忌地提出各种想法,彼此激励,相互启发,引起联想,导致创意设想的连锁反应,产生众多的创意,其原理类似于"集思广益"。其具体实施要点如下。

(一)头脑风暴法小组的组成

1. 设立两个小组

每组成员各为 4 人 ~ 15 人,最佳构成为 6 人 ~ 12 人。

第一组为"设想发生器"组,简称设想组。其任务是举行头脑风暴会议,提出各种设想。第二组为评判组,或称"专家"组,其任务是对所提出设想的价值作出判断,进行优选。

2. 主持人的人选

两个小组的主持人,尤其是头脑风暴法会议的主持人对于头脑风暴法是否成功是至关重要的。

主持人要有民主作风,做到平易近人、反应机敏、有幽默感,在会议中既能坚持头脑风暴法会议的原则,又能调动与会者的积极性,使会议的气氛活跃。

主持人的知识面要广,对讨论的问题要有明确和比较深刻的理解,以便在会议期间能善于启发和引导,把讨论引向深入。

3. 组员的人选

设想组的成员应具有抽象思维的能力、恣意幻想的能力和自由联想的能力,最好预先对组员进行创意方法的培训。评判组成员以有分析和评价头脑的人为宜。两组成员的专业构成要合理。应保证大多数组员都是精通该问题或该问题某一方面的专家或内行。同时也要有少数外行参加,以便突破专业习惯思路的束缚。应注意组员的知识水准、职务、资历、级别等应尽可能大致相同。高级干部或学术权威的参加,往往会出现对他们意见的趋同或是一般组员不敢"自由地"提出设想的不利情况。

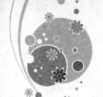
(二) 头脑风暴会议的原则

1. 自由畅想原则

要求与会者自由畅谈、任意想象、尽情发挥。不受熟知的常识和已知的规律束缚。想法越新奇越好,因为设想越不现实,就越能对下一步设想的产生起更大的启发作用。错误的设想是催化剂,没有它们就不能产生正确的设想。

2. 严禁评判原则

对别人提出的任何设想,即便是幼稚的、错误的、荒诞的都不许批评。

不仅不允许公开的口头批评,就连以怀疑的笑容、神态、手势等形式的隐蔽的批评也不例外。

这一原则也要求与会者不能进行肯定的判断,比如,"某某的设想简直棒极了!"因为这样会使其他与会者产生受冷落感,也容易造成一种"已找到圆满答案而不值得再深思下去"的错觉,从而影响创意的发挥。

3. 谋求数量原则

会议强调在有限时间内提出设想的数量越多越好。会议过程中设想应源源不断地提出来,为了更多地提出设想,可以限定提出每个设想的时间不超过两分钟。当出现冷场时,主持人要及时地启发、提示或是自己提出一个幻想性设想使会场重新活跃起来。

4. 借题发挥原则

会议鼓励与会者利用别人的设想开拓自己的思路,提出更新奇的设想,或是补充他人的设想,或是将他人的若干设想综合起来提出新的设想。

(三) 头脑风暴法的实施步骤

1. 准备阶段

准备阶段包括产生问题、组建头脑风暴法小组、培训主持人和组员及通知会议的内容、时间和地点。

2.热身活动

为了使头脑风暴法会议能形成热烈和轻松的气氛,使与会者的思维活跃起来,可以做一些智力游戏,如猜谜语、讲幽默小故事等,或者出一些简单的练习题,如花生壳有什么用途?

3.明确问题

由主持人向大家介绍所要解决的问题。问题提得要简单、明了、具体。对一般性的问题要把它分成几个具体的问题。比如"怎样引进一种新型的合成纤维"的问题很不具体,这一问题至少应该分成三个小问题:第一,提出把新型纤维引入到纺织厂'的方法。第二,提出把新型纤维引进到服装店的设想。第三,提出新型纤维引进到零售商店的设想。

4.自由畅谈

由与会者自由地提出设想。主持人要坚持原则,尤其要坚持严禁评判的原则。对违反原则的与会者要及时制止。如坚持不改可劝其退场。会议秘书要对与会者提出的每个设想予以记录或是做现场录音。

5.会后收集设想

在会议的第二天再向组员收集设想,这时得到的设想往往更富有创见。

6.如问题未能解决,可重复上述过程

仍用原班人马时,要从另一个侧面用最广义的表述来讨论课题,这样才能变已知任务为未知任务。使与会者思路轨迹改变。

7.评判组会议

对头脑风暴法会议所产生的设想进行评价与优选应慎重行事。务必要详尽细致地思考所有设想,即使是不严肃的、不现实的或荒诞无稽的设想亦应认真对待。

那么,怎样开好"头脑风暴"会议呢?人们根据多年来积累的经验,总结了十条诀窍:

1.讨论题的确定很重要。要具体、明确,不宜过大或过小,也不宜限制性太强;题目宜专一,不要同时将两个或两个以上问题混淆讨论;会议

之始,主持人可先提出简单问题做演习:会议题目应着眼于能收集大量的设想。

2. 会议要有节奏。巧妙运用"行一停"的方法:3分钟提出设想,5分钟进行考虑,再3分钟提出设想……反复交替,形成良好高效的节奏。

3. 按顺序"一个接一个"轮流发表构想。如轮到的人当时无新构想,可以跳到下一个。在如此循环下,新想法便一出现。

4. 会上不允许私下交谈。以免干扰别人的思维活动。

5. 参加会议的人员应定期轮换,应有不同部门、不同领域的人参加,以便集思广益。

6. 参加会议者应有男有女,以增强竞争意识和好胜心。

7. 领导或权威在场,常常不利于与会者"自由"地提出设想。只有在充分民主气氛形成的局面下,才宜有领导或权威参加。

8. 为使会议气氛轻松自然、自由愉快,可先热身活动一番:比如说说笑话、吃点东西、猜个谜语、听段音乐等。

9. 主持人应按每条设想提出的顺序编出顺序号,以随时掌握提出设想的数量,并提出一些数量指标,鼓励多提新设想。

10. 会后要及时归纳分类,再组织一次小组会评价和筛选,以形成最佳的创意。

下面介绍一个头脑风暴法会议的例子。

主持人:我们的任务是砸核桃,要求砸得多、快、好,大家有什么好办法?

甲:平常在家里是用牙咬、用手掰、用门掩、用榔头砸、用钳子夹。

主持人:几十个核桃可以用这些办法,但核桃多了怎么办?

乙:应该把核桃按大小分类,各类核桃分别放在压力机上砸。

丙:可以把核桃沾上某种物质,使它们变成一般大的圆球,放在压力机上砸,用不着分类。

主持人:大家再想一想,用什么样的力才能把核桃砸开,用什么办法才能得到这些力?

甲:需要加一个集中挤压力,用某种东西冲击核桃,就能产生这种力:或者,相反,用核桃冲击某种东西。

乙:可用气动机枪往墙上射核桃,比如说可以用装泡沫塑料弹的儿童气枪射。

丙:当核桃落地时,可以利用重力。

丁:核桃壳很硬,应该先用溶剂加工,使它们软化、溶解……或者使它们变得较脆……要使核桃变脆,可以冷冻。

主持人:鸟儿用嘴啄……或者飞得高高的,把核桃扔到硬地上。我们应该将核桃装在袋子里,从高处,例如在气球上,直升机上,电梯上等,往硬的物体(例如水泥板)上扔,然后把摔碎的核桃拾起来。

甲:应该掘口深井,井底放一块钢板,在核桃树与深井之间开几道槽沟。核桃自己从树上摔下来,顺着槽沟滚到井里,摔在钢板上就会破裂。

乙:可以把核桃放在液体容器里,借助电,用水力冲击把它们破开。

主持人:如果我们运用逆向思维来解决问题,又会怎样?

丙:不应该从外面,应该从里面把核桃破开。把核桃钻个小孔,往里面加压打气。

丁:可以把核桃放在空气室里,往里加高压打气,然后使空气室里压力锐减,因为内部压力不能立即降低,这时,内部气压使核桃破裂。或者使空气里的压力交替地剧增与锐减,使核桃壳处于变负荷状态下。

在头脑风暴法会议进程中,只用 10 分钟就得到了 40 个设想,其中一个方案(在空气压力超过大气压力并随即降到大气压力以下时,核桃壳破裂,核桃仁保持完好)获发明专利。

头脑风暴法是一种依靠集体的智慧提出新设想的创意方法。科学发现、技术发明、技术革新、文艺,创作、合理化建议等创意活动都可以运用。

人们在运用头脑风暴法的过程中,确实收到了很好的效果。

中国机械冶金工会举办了一次合理化建议和技术革新工作研讨班,运用智力激励法思考"未来的电风扇",36 人在半小时内提出 173 条新设想。其中典型的设想有:带负离子发生器的电扇、全遥控电扇、智能电扇、

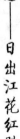

理疗电扇、驱蚊虫电扇、激光幻影式电扇、催眠电扇、变形金刚式电扇、熊猫型儿童电扇、老寿星电扇、解忧愁录音电扇、恋爱气氛电扇、去潮湿电扇、衣服烘干电扇、美容电扇、木叶片仿自然风电扇、解酒电扇、吸尘电扇、笔记本式袖珍电扇、太阳能电扇、床头电扇、台灯电扇,等等。

日本松下公司运用智力激励法,在 1979 年内获得 17 万条新设想,平均每个职工提新设想 3 条,公司利用全利员工大脑的智慧,使生产经营水平不断提高。

日本创意学家志村文彦将智力激励法用于企业的技术革新。1975 年使日本电气公司获得 58 项专利。降低产品成本达 210 亿日元。

心灵悄悄话
XIN LING QIAO QIAO HUA

　　创意思维的特点是突破,所以面对实践中层出不穷的新情况、新问题,并没有一成不变的成功经验可以用来借鉴,也没有绝对有效的方法可以套用。在此,我们只是列举出一些比较常见的创意方法,希望能够起到抛砖引玉的作用。

积极主动的创意

希望点列举法

希望点列举法是一种根据不断提出"希望""怎样才能更好"等的理想和愿望,进而寻求解决问题和改善对策的方法。它是从创意主体的愿望出发,提出各种新设想,不受事物原有属性的束缚,所以,它是一种积极主动的创意方法。

希望点列举法的具体做法是:召开希望点列举会议,每次会议可以有5～10人参加,会议进行以前由会议主持人选择一件需要改进的事情确定为主题,然后,发动与会者围绕所确定的主题列出需要改进的希望点,用小卡片写出,同时公布在小黑板上,并与会者之间传阅。

一般情况下,会议可以举行1～2小时,产生50个～100个希望点,即可以结束会议。会后将提出的各种希望进行整理,选出主要的希望点,然后根据选择出来的主要希望点进行研究,进而找出具体的改善方法和改进方案。

现以改进椅子作为例子来说明希望点列举法。

首先,确定改进椅子为本次会议的主题。其次,列举出有关改进椅子的希望点。比如,希望椅子可以旋转、可调节高度等。再次,选出所列举的有关改进椅子的主要希望点。最后,根据选出的十希望点来考虑改善方法。结果，就设想出一个既可以旋转又可以调节高度的椅子。

由于发明创意的本质就是要有所突破，因此，许多创意方法看起来往往是不合常理的。希望点列举法也如此，它要求人们把各种可能的希望、联想以及瞬间的突发奇想都列举出来。比如，在日本有过这样一个例子，许多人正在挖莲藕，其中一个人放了个屁，于是大家都嘲笑起来："这样的响屁如果对池底多来几个，那莲藕岂不是都会自己翻出来了吗？"正在大家大笑不已之际，一个人突发奇想：如果用气筒把压缩空气吹入池底，是不是有可能把莲藕翻上来呢？于是他就从这种想法出发，大胆地开始试验，经过多次尝试与改进，终于通过用水给气筒加压，然后喷入池底，把莲藕完整而干净地冲上来了。结果他发明了新式的挖藕技术，并得到了广泛的应用。

缺点列举法

这种方法是不断地针对一项事物，列举出它的各种缺点，然后在此基础上，找出主要缺点加以改进，进而找到解决问题的办法和改进事物的对策。

日本有个叫鬼冢八郎的人，一次他听朋友说："今后体育大发展，运动鞋是不可缺少的。"别人听起来很普通的话，去引起了鬼冢八郎的思考，经过深入思考，他决定加入生产运动鞋的行业。他考虑，如果要在运动鞋制造的行业中获得成功，就必须要做出其他生产厂家所没有的新型运动鞋。

但是由于是刚刚起步，他没有研究人员，又缺乏资金，所以他不可能像实力雄厚的企业那样投入大量的人力和资金去开发研制新产品。但是他没有灰心，而是考虑所有的商品都不是完美无缺的，如果能抓住哪怕是很小的缺点，进行改革，也一定能研制出新的商品来。

于是，他真的选了一种篮球运动鞋来进行研究。他先访问优秀的篮球运动员，让他们谈谈目前篮球鞋存在的缺点。几乎所有的篮球运动员都说："现在的球鞋容易打滑，走路不稳，这样对投篮的准确性有很大的影响。"而且，他还和运动员一起打篮球，对大家伙说的这一缺点有了亲身的体会，然后他开始围绕篮球运动鞋容易打滑这一缺点进行改进。

一天，他在吃鱿鱼时，忽然看到鱿鱼的触足上长着一个个吸盘，他灵机一动：如果把运动鞋底做成吸盘状，不就可以防止打滑吗？于是按照这种想法，他就把运动鞋原来的平底改成凹底。

试验结果证明：这种凹底篮球鞋比平底的在走路时要稳得多。后来，鬼冢发明的这种新型凹底篮球鞋问世了，得到了市场上消费者的认可，并逐渐排挤了其他厂家生产的平底篮球鞋，成为独树一帜的新产品。

鬼冢的这种创意发明方法，就是缺点列举法。

当然，列举缺点并不是一件容易的事情，因为每一种事物的设计，最初也总是考虑到要避免种种可能的缺点。因此对一种事物的缺点进行列举，首先要对这种事物的某些特性、功用、性能等，用一种挑剔的眼光去看待它。但是另一方面，虽然每种事物客观上的确存在种种缺点，可是人们往往有一种惰性，对于司空见惯的东西，除非有很大的缺点，以致妨碍人们的正常使用或者在发展过程中发生某种损害性后果，这样人们才会认识到某种事物的不足之处。

一般情况下，人们往往不肯主动去发现事物的缺点，因此无形中就会丧失每个人本来具有的创意机会，从而不能实现创意。而与此相反，能对习以为常的事物"吹毛求疵"，勇于提出事物的缺点，这样的话，情况显然就会不一样了。其实任何东西总会或多或少的存在某些缺点，找出了缺点，就容易找出克服缺点的办法，然后采用新方案进行革新，就能够创意出新成果来。

缺点列举法的具体做法是：召开一次缺点列举会议，会议一般由5人～10人参加，会前首先由主管部门针对某项事物，选择一个需要改进的主题，然后在会上发动与会者围绕这一主题尽量列举出各种缺点，数量越多越好。另外让一个人将所提出的缺点逐一编号,记在一张张小卡片上,然后从中挑选出主要的缺点,最后根据这些缺点制定出改进的方案。每次开会在一两个小时之内为宜,讨论的主题宜小不宜大,如果是比较大的课题,应该想办法将它分解成若干小的课题,然后分组解决,这样就不会使缺点有遗漏。

每开一次这样的会议,与会者的"自我突破"能力就能够得到一次提高,并且,由于这种会有要突破的目标,所以与会者的积极性通常会比较高,会议效果就会很好。

缺点列举法的应用非常广泛,它不仅有助于改进某种具体产品,而且还可以应用于体制改革、企业管理、文艺创作等。

模仿创意法

模仿创意法就是指通过模仿来进行创意发明的方法。它根据模仿的形式和内容的不同又可分为:

第一,机械式模仿。指的是把别人成功的经验和先进生产方式直接吸收过来加以借用的一种方法。进行这种模仿的要求是:模仿对象和被模仿者具有相同的条件、相同的要求。

第二,启发式模仿。指不是在二者相等的条件下进行,而是在其他对象的启发下,加以借用,从而作出新创意的一种模仿。这种方法可以使人们在不同领域中,把对自己有用的东西纳入自己的应用领域。以便创造出自己领域中还没有的东西。

第三,突破式模仿,也叫综合性模仿。即按照自己的创意成果的结构和系统,从多方面去进行模仿,使被模仿的东西发生质的变化,从而成为一种独特的东西。

在人类创意发明的历史长河中,模仿创意占有很重要的地位。日本

物理哲学研究所所长薮内宪雄曾经把人的创意活动分为两个阶段：第一阶段称为初期创意活动，这个阶段的创意主要依赖于模仿，因此称为模仿创意阶段；第二阶段称为后期创意活动。这种创意活动是在模仿创意的前提下进行再创意。这类创意往往会突破模仿，因此，人们只要稍微留意自己身边的事物，勤于思考，就可能通过模仿来作出创意发明。

在日本横滨有一个妇女，她的儿子因生病住进了医院。有一次她在给儿子喂牛奶的时候。发觉孩子坐起来喝奶时非常困难，这时，她的脑海里闪过一个想法："为什么不能让他躺着喝牛奶呢？"从此，她一有时间就考虑这个问题。开始时，她买了一根橡胶管来做吸管。橡胶管虽然可以随意弯曲，但是有异味，而且使用后不容易清洗。于是她又开始思索其他的办法。有一天，她在用自来水的时候，水龙头上的一种可以随意弯曲的蛇形管触动了她：为什么不用它来做吸管呢？有了这个念头，她于是立刻取出纸和笔，绘制了一幅蛇形吸管的草图。后来，这种蛇形吸管由一家工厂生产出来，并且投入了市场，很快就成为一种畅销产品。

总之，在古今中外的艺术史上，模仿的例子是很多的。现代著名画家毕加索，以独创、突变的艺术风格著称于世，但是我们从毕加索的早期绘画作品中，可以发现，他是通过模仿法国后期印象派画家塞尚等起步的。

心灵悄悄话
XIN LING QIAO QIAO HUA

第七篇　拓展你的创意空间

盲目崇拜偶然性也是错误的，方法只能给人们提供线索与向导，提供某些科学发现的可能性，至于能否把这种可能性转化为现实，真正取得科学发现、创意发明，则有赖于研究者和创意者的种种才能了。

创意垂青目光敏锐的人

夏宾说过:"优秀的人不会等待机遇的到来,而是寻找并抓住机会,把握机会,征服机会,让机会成为服务于他的奴仆。"千万不要等待非同寻常的机遇在你的面前出现,而要抓住每一个重要的机遇,让它在你的手中变得非同寻常。只要你善于观察,你的周围到处都存在着对你有利的机遇;只要你肯伸出自己的手,永远都会有令人兴奋的事业等待你去开创;**只要你善于观察,你的周围到处都存在着对你有利的机遇;只要你目光敏锐,机遇随时会光顾属于你的小屋。**

可能每个人都见过一个装满水的大盆不断往外溢水的情景,却没有人动脑筋,运用自己所学的知识去想一想,人浸在水中的身体的体积正好等于溢出的水的体积,而阿基米德却观察到这一现象,运用这一个方法可以迅速计算出任何不规则物体的体积,所以他才得到了创意的偏爱。

同样,每个人也都明白,一个垂悬的重物会非常有规律地来回摆动,直到最后受空气阻力慢慢地停下来。但是,从来没有人想到过这一现象是否具有其他的现实意义,更没有人想到过在生活中将这一原理运用到其他什么地方,而伽利略在少年时偶然注意到在比萨大教堂上方挂着的一只钟在不停地左右摆动,而且来回摆动的幅度极具规律性,他由此而得出了著名的钟摆定律,直到他被投入监狱时,监狱的铁门依然阻挡不了他研究与创意的热情。他利用狱中的稻草秆做实验,最终发现了具有相同直径的实心管与空心管的相对强度。

有些人在他们着手的事情上总是不能很好地把握机会,要么是太早了,要么是太迟了,"这些人都是三只分开的手,"约翰·古夫这么说,"一只左手,一只右手,还有一只迟到之手。"在他们还是孩子的时候,他们就老是迟到,作业比别人晚交,就这样。他们迟到的习惯就慢慢养成了,他们的目光中只有别人已经用过多少次的机遇,而永远不能自己早一步去创造,到最后,需要他们创意的时候,他们才开始后悔,他们想,如果回到从前。让生命再来一次的话,他们一定会好好把握住机会,也许他们还会有一个崭新的明天。他们又回忆起以前,自己曾经白浪费了多少可以创意的机遇,或是白白放弃了多少弥补这些损失机会,而现在已经无法再挽回了。**他们没有得到机遇的偏爱,因为他们不善于观察,目光不够敏锐,所以他们也就看不到此时此刻有什么机会,他们永远无法抓住机会,也无法把握住机会。**

"有一天霍桑与朗费罗共进晚餐,"詹姆·菲尔德讲了一个故事,"霍桑带着一个来自塞勒的朋友同来,饭后。他的朋友说:'我一直都试图说服霍桑写一部有关阿卡迪亚传说的小说。故事是这样的,在阿卡迪亚人四散逃离时,一个女孩子与她的恋人被冲散了,她终生都在等待寻找她的恋人,等到她垂垂老矣,她终于找到了她的恋人,却发现他已经在医院里去世了。'"

听了这个故事后,朗费罗感到很奇怪,为什么霍桑没有想到以此为素材写一部小说呢,他转向霍桑,问道:"如果你不打算以此为素材构思一部小说的话。你能不能让我借用这个故事来写一首诗呢?"

霍桑很爽快地答应了,并许诺说:"在朗费罗以此为题材写成诗之前,他绝不会用这个故事的原形来写散文。朗费罗抓住了这个机会,创作出了举世闻名的《伊凡吉琳》。"

一个创意者要想成功捕捉和利用机遇,首先要有强烈的"问题意识"。几乎所有那些由于机遇而有所发现的人,往往事先都经历了长时间的探讨知思索,头脑中积累着各种材料。经常想到一些悬而未决的问题,深具"问题意识"。这就使人能够保持高度警觉,留心意外之事,一旦受到某个意外事件的触发,就易得到启发,引起共鸣和联想,产生新的想法。

其次,**要有敏锐的观察力和判断力。**有了它们才能捕捉到微不足道的偶然事件。弗莱明在谈自发现青霉素时说:"我的唯一功劳就是没有忽视观察。"敏锐的判断力就在于善于从各种线索中抓住有希望的线索,能抓住有价值、有潜在意义的机遇。

最后,要有批评的精神,不受传统观念、权威教条的束缚。而所有这些。都一定要有广博的知识和经验为根基。著名的微生物学家巴斯德说得好:"机遇偏爱有准备的人!"

机遇不同于人们所进行的认识和分析、实验和研究、归纳和演绎等科学实践,它本身并不是一种科学方法,但是它却常常会引发或导致不朽的科学发现或重大的技术发明。在人类发展史上,有很多发现和发明,甚至是很重大的发现和发明,都是通过偶然机遇做出的。

例如:抗疟良药——奎宁、抗菌良药——青霉素、金属黏合剂、高效除草剂、橡胶硫化法和摩擦焊接法等。皆是在非常偶然的情况下,由一些头脑敏锐、判断准确的人及时抓住机遇、发明成功的。X射线的问世、硫化橡胶的发明、维生素的发现都充分说明了捕捉机遇法对发明创造的重要作用和突出贡献。

提起X光,人们并不陌生。关于其主要用途,男女老少都可娓娓道来。用X光进行照相和透视,使得医生们不用操刀动剪,也不用剖腹破肚,就可看清人体的骨骼和内脏,进而对症下药、量病施治,减少病人的痛苦。今天,X光不仅用于医学,科学家们还用它来检查艺术品、古化石、爆炸物,等等,它已广泛用于各行各业,其重要性在与日俱增。

现在人们知道,X光其实是一种电磁波,与无线电波、红外线、紫外线、可见光等一样,都是电磁波大家族的成员。X光具有特殊性质,即频率极高而波长极短。其波长范围在 $0.01A \sim 100A$ 之间,因而具有很强的穿透能力。人们利用X光的这一神奇作用来造福人类,今天,在现代化的核电站里,导管的焊缝不经X射线探伤。核电站将不准运营;在世界各地的航空港中,携带的行李不经X射线的检查。旅客将不被允许登机。钢筋混凝土大桥,可采用X射线透视来检测桥的承重能力:就连树木也可接受 X 射线的检查,以确定其抗击风暴的稳定性。X 射线神通广大、妙用无穷,但它却是在极其偶然的情况下,由德国物理学家威廉·康拉德·伦琴发现的。

1895 年 11 月 8 日傍晚,德国维尔斯堡大学物理学院的实验室里亮着灯光,伦琴和往常一样,正独自一人在进行阴极射线管的放电实验。他先从仪器架上取下一支克鲁克斯放电管安放好,又将一块黑色的硬纸板细心裁剪,糊成一个套匣。再仔细地套在放电管上。然后他拉严窗帘,熄灭灯光,准备检验这个黑纸套匣是否漏光。接通电源后,高压放电通过了克鲁克斯放电管,黑纸套匣很严密,没有漏光,伦琴很满意。正当他准备开始正式实验时。突然发现附近的一个小工作台上发出了微弱的荧光。当时室内一片黑暗,而硬纸套匣又没有漏光。那么这荧光是从何而来的呢?

伦琴对此迷惑不解,他转念一想:这会不会是一种新现象呢? 他急忙划着一根火柴来看个究竟,原来这神秘的荧光发自工作台上一块涂有氰亚铂酸钡晶体的纸屏。伦琴断开电流,荧光消失了;他接通电流,荧光又出现了。他把纸屏挪得离放电管稍远一点儿,纸屏仍然发出荧光;他又把一本书放到放电管和纸屏之间进行阻隔,纸屏照样发出荧光。看到这种情况,伦琴极为兴奋,因为他知道。普通的阴极射线是不会有这样强大的穿透能力的,因此可以断言一定有一种人类未知的贯穿力极强的新射线存在。

回到家里,伦琴没有讲他在实验室里的惊人发现,年已半百的伦琴只是悄悄地告诉妻子:"我在做一些让人们说'伦琴疯了'的事情。"在以后的日子里,伦琴抓住机遇反复试验,决心揭开这种射线的奥秘。

一连数日,他把自己关在实验室里,精心设计并安排了一次次实验。又精心实施并操作了一次次实验。他废寝忘食、流连忘返。实验室成了他全部活动的天地,射线和实验成了他全部思维的主题。对每一次实验,他都细心操作、认真观测,绝不放过细微的、偶然的现象。

一次实验时,伦琴发现在荧光屏上有条特殊的黑影,这是怎么回事呢? 经过查找,原来是一根金属线横放在放电管的前端引起的。这个现

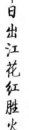

象给了伦琴深刻的启示:这种射线不能穿透或不能完全穿透某些金属。那么它到底能穿透什么物质,又不能穿透什么物质呢?为了回答这个问题,伦琴选择了许多不同物质来做实验。当检验到铅对该射线的阻断能力时,他手持一块小铅片并把它放到适当的位置上,令人惊讶的是,荧光屏上不但出现了铅片的黑影,还出现了手指骨骼的黑影。此外,他还发现这种射线可以使照相底片感光,于是一个新的念头浮现在他的眼前。

1895 年 12 月 22 日夜晚,伦琴说服妻子,让她把手放在装有照相底片的暗盒上,然后将放电管对准妻子的手照射了 15 分钟,经过显影,在底片上出现了没有血、没有肉的手的骨骼。伦琴夫人看到这张骨骼毕现的照片。惊诧万分,不敢相信这一奇迹。史无前例的人体第一张透视照片就这样诞生了,它对于人类医学事业的意义是无法估量的。

经过四十多天的艰苦奋斗,伦琴做了大量深入细致的实验并做了反复多次的比较,他终于肯定了这种新射线的存在,还发现了这种射线的许多性质。12 月 28 日,伦琴将关于该射线的第一篇学术报告送交维尔斯堡的物理医学学会,并很快发表在《学会会议报告》上,题目为《关于一种新的射线》。由于当时对该射线的奇异性质了解甚微,所以伦琴把它叫作 X 射线。

众所周知,x 在数学上常作为未知数来进行求解,在此人们即可看到伦琴探索未知的决心。该射线的发现给物理学的发展带来了新的活力,整个物理学界都为之欢呼雀跃、振奋不已,世界也为之震动。

1901 年,诺贝尔奖首次颁发,伦琴就荣获了物理学奖。但是伦琴却拒绝接受当局授予他的一项贵族头衔,也不去申请 X 射线的发明专利,他认为自己的发明创造应贡献给全人类。

伦琴发现 X 射线从表面上看来具有相当的偶然性。因为 X 射线既不是他预计的实验结果,也不是他原定的探索目标,只是在实验过程中出现的一种不引人注目的现象。这在他看来是一种机遇。但**毋庸置疑,机遇只提供了科学发现的线索,而没有给出科学研究的结果。关键在于发明者要准确地发现它、掌握它、利用它**。我国著名数学家华罗庚曾经说过:"如果说科学上的发现有什么偶然性的机遇的话,那么这种偶然的机遇只能给那些学有素养的人,给那些善于独立思考的人,给那些具有锲而不舍的精神的人,而不会给懒汉。"

事实上,在伦琴发现 X 射线以前,就有人碰到过 X 射线。但当时非但没引起实验者的注意,反而使实验者因放在阴极射线管附近的照相底片莫名其妙地曝光而气恼。有的科学家在实验时也看到了克鲁克斯放电管近旁的荧光,但由于他们只专注于研究阴极射线,而没有对这种奇怪的现象产生怀疑和兴趣,结果与发现 x 射线的良机擦肩而过。而伦琴则不同,他抓住这偶然的机遇,穷追不舍,从一点荧光,一丝阴影,追根溯源,不达目的决不罢休,终于取得了震撼世界的伟大成功,给人类带来了福音。

机遇,人们往往把它看成是一种幸运,可这种幸运,决不同于中奖,谁都可以拿着奖券去兑换奖品,更不同于在地上拾东西,俯拾皆是,唾手可得,它就相当于一次考试,检验你是否已经有足够资格拥有它,并充分利用它进行创意,而它要考的主要科目就是你的观察能力,你的眼光是否敏锐,只要你达到了这个标准,你随时会遇到这位"幸运之神"。

敏锐地发现人们没有注意到或未予重视的某个领域中的空白、冷门或者是薄弱环节,需要后来者站得更高,看得更远,需要的是对已知的不满足和对未知的强烈好奇。

专心致志是观察的基本要素,对观察的事物注意力不够高度集中,总是会受到很多的困扰,我们必须懂得,做许多事,尤其是创意,最有效的捷径就是在一段时间里只做一件事。

自瓦里尤斯以来,许多学者也都在思考为什么这些天才创意者的出现都保持着稳定的状态,克罗伯在对历史上的各个领域——哲学、科学、语言学、雕刻、绘画、戏剧、文学和音乐当中出现的伟人进行了勤奋研究之后,得出结论:创意来源于敏锐的观察能力。

詹姆斯也曾经说过:"天才的出现是由于社会。"他给自己提出这样的问题,为什么在物质条件上比西西里岛优越的撒丁岛却在重要性和文化发展上远远落后于西西里岛呢? 回答是这样的,他说这种悬殊差别只

不过是因为那里没有诞生出具有爱国主义精神并能燃起国民的民族自豪与雄心以及渴望独立的人,所以以至于他们眼中对事物的敏感度不够强烈,最后导致一生无所作为,没有看到任何事物都是创意的原形。

心灵悄悄话
XIN LING QIAO QIAO HUA

　　每个人都有大约相同的潜在性,却拥有不同的敏感性,也许你对事物不都是走马观花,但在你看过之后是否真正从中得到一些提醒,给自己敲一下警钟呢?

创意——日出江花红胜火